三次采油技术丛书

聚合物驱油藏工程技术

王加滢　康红庆　韩培慧　等著

石油工业出版社

内 容 提 要

本书通过理论推导、数值模拟计算和现场实际应用相结合，系统总结了聚合物驱油藏工程技术，主要包括聚合物驱开发方案设计优化技术、聚合物驱数值模拟技术和聚合物驱跟踪调整技术。

本书可供从事三次采油开发工作的技术、管理人员使用，也可供石油工程相关专业师生参考。

图书在版编目（CIP）数据

聚合物驱油藏工程技术 / 王加滢等著 . —北京：
石油工业出版社，2022.5
（三次采油技术丛书）
ISBN 978–7–5183–4953–1

Ⅰ .①聚… Ⅱ .①王… Ⅲ .①聚合物 – 化学驱油 – 技术 Ⅳ .① TE357.46

中国版本图书馆 CIP 数据核字（2021）第 244551 号

出版发行：石油工业出版社
　　　　　（北京安定门外安华里 2 区 1 号楼　100011）
　　　　　网　　址：www. petropub. com
　　　　　编辑部：（010）64523825　图书营销中心：（010）64523633
经　　销：全国新华书店
印　　刷：北京中石油彩色印刷有限责任公司

2022 年 5 月第 1 版　2022 年 5 月第 1 次印刷
787×1092 毫米　开本：1/16　印张：6.75
字数：170 千字

定价：70.00 元

丛书前言

我国油田大部分是陆相砂岩油田,砂岩油田油层层数多、相变频繁、平面和纵向非均质性严重。经过多年开发,大部分油田已进入高含水、高采出程度的开发后期,水驱产量递减加快,剩余油分布零散,挖潜难度大,采收率一般为30%~40%。应用大幅度提高采收率技术是油田开发的一个必经阶段,也是老油田抑制产量递减、保持稳产的有效方法。

三次采油是在水驱技术基础上发展起来的大幅度提高采收率的方法。三次采油是通过向油层注入聚合物、表面活性剂、微生物等其他流体,采用物理、化学、热量、生物等方法改变油藏岩石及流体性质,提高水驱后油藏采收率的技术。20世纪50年代以来,蒸汽吞吐开始应用于重油开采,拉开了三次采油技术的应用序幕。化学驱在80年代发展达到高峰期,后期由于注入成本高、化学驱后对地下情况认识不确定等因素,化学驱发展变缓。90年代以来,混相注气驱技术开始快速发展,由于二氧化碳驱技术具有应用范围大、成本低等优势,二氧化碳混相驱逐渐发展起来。我国的三次采油技术虽然起步晚,但发展迅速。目前,我国的三次采油技术中化学驱提高原油采收率技术处于世界领先地位。在大庆、胜利等油田进行的先导性试验和矿场试验表明,三元复合驱对提高原油采收率效果十分显著。此外,我国对其他提高原油采收率的新技术,如微生物驱油采油技术、纳米膜驱油采油技术等也进行了广泛的实验研究及矿场试验,并且取得了一系列研究成果。

大庆油田自20世纪60年代投入开发以来,就一直十分重视三次采油的基础科学研究和现场试验,分别在萨中和萨北地区开辟了三次采油提高采收率试验区。随着科学技术的进步,尤其是90年代以来,大庆油田又开展了碱—表面活性剂—聚合物三元复合驱油技术研究。通过科技攻关,发展了聚合物驱理论,解决了波及体积小的难题,首次实现大规模工业化高效应用;同时,创新了三元复合驱理论,发明了专用表面活性剂,解决了洗油效率低的难题,实现了化学驱技术的升级换代。大庆油田化学驱后原油采收率已超过60%,是同类水驱油田的两倍,相当于可采储量翻一番,采用三次采油技术生产的原油年产量连续19年超 1000×10^4t,累计达 2.8×10^8t,已成为大庆油田可持续发展的重要支撑技术。

为了更好地总结三次采油技术相关成果，以大庆油田的科研试验成果为主，出版了这套《三次采油技术丛书》。本套丛书涵盖复合驱表面活性剂、聚合物驱油藏工程技术、三元复合驱油藏工程技术、微生物采油技术、化学驱油田化学应用技术和化学驱地面工艺技术6个方面，丛书中涉及的内容不仅是作者的研究成果，也是其他许多研究人员长期辛勤劳动的共同成果。在丛书的编写过程中，得到了大庆油田有限责任公司的大力支持、鼓励和帮助，在此致以衷心的感谢！

希望本套丛书的出版，能够对从事三次采油技术的研究人员、现场工作人员，以及石油院校相关专业的师生有所启迪和帮助，对三次采油技术在大庆油田乃至国内外相似油田的大规模工业应用起到一定的促进作用。

前 言

聚合物驱是砂岩油田水驱之后实施三次采油进一步提高采收率的主要技术之一。大庆油田一直以来高度重视三次采油提高采收率的技术研究，油田开发初期就着手研究聚合物驱技术，先后经历了室内研究、先导性矿场试验、工业性矿场试验、工业化推广应用四个阶段，逐步发展形成了聚合物驱理论和成熟的配套技术，建成了世界上最大的三次采油生产基地，创造了巨大的经济效益，为大庆油田的持续稳产做出重要贡献。

"十二五"以来，为了应对聚合物驱目的层地质条件变化带来的挑战，通过系统研究与实践，对聚合物驱机理取得了新的认识，进一步发展和完善了聚合物驱技术体系，促使聚合物驱开发效率明显提高，注聚合物区块提高采收率实现了新的突破，为进一步改善开发效果提供了技术支撑。

本书在借鉴前人工作方法、研究成果、实践经验的基础上，系统总结了聚合物驱开发调整技术，引用了大量的聚合物驱区块开发实例，尤其是重点对"十二五"以来大庆油田在聚合物驱提高采收率方面的技术创新进行了阐述。本书共分三章，主要包括聚合物驱开发方案设计技术、聚合物驱数值模拟技术和聚合物驱跟踪调整技术等方面内容。其中，第一章由程杰成、韩培慧、孙刚、曹瑞波、李长庆、吕昌森编写，第二章由王加滢、陈国、魏长清、张新亮、路克微、马沫然编写，第三章由康红庆、孙强、赵起越、郭松林、崔长玉、高坤编写。全书由王加滢、康红庆和韩培慧组织编写与统稿。

因篇幅有限，本书引用的部分参考文献未能列出，望作者海涵。此外，在本书出版过程中，石油工业出版社许多同志给予了大力帮助，在此一并表示感谢。

由于笔者水平、经验以及掌握资料局限，书中不足之处在所难免，敬请广大读者批评指正。

目 录

第一章　聚合物驱开发方案设计技术

第一节　适合聚合物驱的油藏条件

一、聚合物驱油藏筛选标准

对于提高原油采收率的方法，由于驱油机理不尽相同，因此均有其适合的油藏条件。也就是说，由于不同油田地质条件、流体性质千差万别，要想获得好的开发效果和较高的经济效益，对所采用的提高油田采收率的方法应进行严格筛选，并结合现场实施工艺等进行选择。

聚合物驱是通过在注入水中加入高分子量聚合物，增加水相黏度和降低水相渗透率，达到改善油水流度比、提高波及效率和增加原油产量，从而提高油田采收率的方法。

对于非均质性比较严重、原油黏度较高、渗透性适合的油藏，采用聚合物驱技术通常可以获得较好的开发效果。但是，由于受聚合物产品性能、油藏条件、开发技术水平和经济效益等限制，不是所有的油藏实施聚合物驱都能获得较好的开发效果和效益，根据国内外大量的室内实验和聚合物驱矿场试验结果，结合国内外聚合物驱技术标准和专家学者意见，形成一套适合聚合物驱的砂岩油藏筛选标准（表 1-1）。

表 1-1　适合聚合物驱的砂岩油藏筛选标准

参数	油藏温度，℃	地层水矿化度，mg/L	二价阳离子浓度，mg/L	空气渗透率 K，mD	地层原油黏度，mPa·s	渗透率变异系数	油藏埋深，m
理论范围	< 93.3	< 60000	< 2000	50~8000	1~200	0.5~0.9	< 2743
矿场范围	< 80	< 24000	< 1000	1~12000	1~4000	0.5~0.9	< 2100
适宜范围	< 80	< 30000	< 500	10~12000	1~200	0.5~0.9	< 2100

表 1-1 中所列筛选标准随着技术的进步在不断地修改和完善，虽然也存在一些争论和分歧，但可以有效地指导聚合物驱的矿场实施，给决策者提供科学依据，避免造成不必要的经济损失。当然，对于某一具体油藏进行聚合物驱，还要根据实际情况做更加细致的研究工作。目前，随着科技的进步和发展，特别是新型抗温耐盐聚合物的研制，适合聚合物驱的砂岩油藏筛选标准也在逐步拓宽，一些以前认为不适合实施聚合物驱的油藏也有了希望。

二、聚合物驱有利条件分析

1. 油藏类型

国内外所进行的聚合物驱绝大多数是在砂岩油层中完成的，大都获得了较好的技术效果和经济效益，表明砂岩油藏是聚合物驱的首选对象。有学者认为碳酸盐岩油层高含量的碳酸钙和碳酸镁及严重的非均质性，不利于聚合物驱油，但是在国外一些碳酸盐岩油藏中进行的聚合物驱也获得成功，在克拉玛依砾岩油藏中进行的聚合物驱也获得了较好的开发效果。目前国内对碳酸盐岩油藏和砾岩油藏研究较少，因此本书仅针对砂岩油藏聚合物驱油技术。此外，需要注意的是，疏松砂岩油藏、带有气顶砂岩油藏、底水油藏、裂缝油藏和断块油藏等特殊情况需要谨慎对待、细致研究。近年来随着深部调剖技术的发展，有高渗透条带大孔道或微小裂缝的油藏也可以应用聚合物驱技术，全部为洞穴和裂缝严重的油藏应避免采用聚合物驱技术。

2. 油层温度

聚合物分子的耐热性或热稳定性的衡量标准是聚合物的最高使用温度。高于聚合物的最高使用温度，聚合物的性质会发生变化。聚丙烯酰胺和部分水解聚丙烯酰胺的理论玻璃化和分解温度为 200℃，脱水温度为 210℃，炭化温度为 500℃，一般产品的降解温度约为 121℃。多数聚合物在 70℃ 左右时性质就会发生变化，聚丙烯酰胺在 70℃ 时表现出很强的絮凝倾向。高温下降解反应会加速，吸附量增大。

聚合物驱的油层温度不能太高，聚合物注入油层后，在高温条件下会发生热降解和进一步水解，破坏聚合物的稳定性，大大降低聚合物的驱油效果。聚合物溶液的黏度随温度的升高而降低，在低于降解温度时，其黏度是可以恢复的，即温度降至原来的温度，黏度可以恢复到原来的值。聚合物驱要保证足够的黏度来控制流度，油层温度越高，需要的聚合物浓度越高，导致采油成本增加。温度还会对聚合物驱所需的其他化学添加剂（如杀菌剂、除氧剂等）产生影响。油层温度太低对聚合物驱也有不利的影响，原因是低温下细菌的活动通常会加剧。对于使用的一般聚合物，最适合聚合物驱的油层温度为 25~60℃；但对于耐温性聚合物，油层温度范围可以适度放宽，参考成功的矿场实践经验以低于 80℃ 为宜。由于聚合物在高温下会发生快速水解和自由基降解反应，导致聚合物驱技术对 90℃ 以上的高温油藏作用变差，因此高于 90℃ 高温油藏目前仍是使用聚合物驱技术的禁区。

3. 地层水矿化度及二价阳离子浓度

地层水矿化度对部分水解聚丙烯酰胺的水溶液黏度有较大的影响，溶液黏度随矿化度的增加而降低，聚合物溶液的矿化度越高，黏度越低。溶液黏度对水中金属阳离子的含量十分敏感，Ca^{2+}、Mg^{2+} 和 Fe^{3+} 等高价阳离子对聚合物溶液黏度的影响比 K^+ 和 Na^+ 更加严重。高价金属离子超过一定浓度会使聚合物沉淀，在低水解度的情况下，这种影响会减弱，但聚合物的增黏能力将减小。聚合物驱一般要求地层水总矿化度小于 10000mg/L，配制水矿化度小于 1000mg/L，两种水的 Ca^{2+} 和 Mg^{2+} 的总含量小于 300mg/L 才可能获得比较好的经济效益。对于耐盐性聚合物，矿化度范围可以放宽。

1）地层水总矿化度

常规油田地层水中阳离子以一价离子（Na^+ 和 K^+）为主，一般用溶液中离子的总和（矿化度）作为评价聚合物黏度的指标之一，地层水和注入水矿化度低，有利于聚合物增黏。地层水矿化度高，聚合物黏度低，残余阻力小，增加了聚合物的注入量，从而增加成本，并且影响聚合物驱采收率。因此，聚合物驱油藏地层水矿化度不应太高，一般应小于10000mg/L，如果聚合物抗盐性能较好且经济上允许，可以提高该指标到 30000mg/L。

国外高矿化度油田进行聚合物驱时，多采用"预冲洗"的办法，即注聚合物前先注一段淡水（低矿化度水）将聚合物溶液与高矿化度地层水隔开。

2）二价阳离子浓度

高价阳离子不仅能够严重降低聚合物的黏度，更严重的是引起聚合物交联，使聚合物从溶液中沉淀出来，这就是所谓的聚合物与油田水不配伍。因此，聚合物驱油藏地层水二价阳离子浓度不应太高，一般应小于 300mg/L。如果聚合物抗盐性能较好且经济上允许，可以提高该指标到 1000mg/L。

在 Ca^{2+}、Mg^{2+} 含量高的油藏中，由于二价阳离子对黏度的影响远大于一价阳离子，矿化度不再适用。可利用回归的直线将地层水中 Na^+ 与 Ca^{2+} 质量浓度等效成单一离子质量浓度，对比不同硬度地层水对聚合物溶液黏度的影响。将等效后的阳离子含量定义为等效阳离子量，等效后的总矿化度定义为等效矿化度。

4. 油层渗透率

油层渗透率及其分布是聚合物驱能否成功的重要因素。对渗透率较低的油层实施聚合物驱，一方面由于注入能力低，注入压力较高，造成注入困难甚至注不进去；另一方面，会使注入周期大大延长。实践表明，渗透率为 10~12000mD 的油层适合聚合物驱。

此外，聚合物溶液的渗流能力不仅取决于油层渗透率，还与聚合物分子量和油层渗透率是否匹配有关。

5. 地层原油黏度

地层原油黏度是评价油藏是否适合聚合物驱的一个重要参数，原油黏度的高低决定着油水流度比的大小，油水流度比小于 1 或大于 50 的油层都不宜采用聚合物驱技术。油水流度比在 1.0~4.2 范围内已进行了成功的试验。图 1-1 中显示了不同原油黏度与聚合物驱采收率提高值的关系。

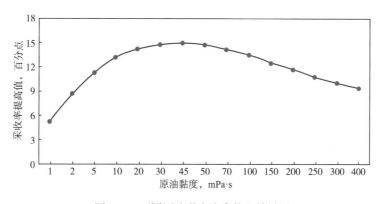

图 1-1　不同原油黏度聚合物驱效果图

从图 1-1 中看出，原油黏度在 30~50mPa·s 范围内时，采收率增幅最高，黏度大于此范围，采收率随着原油黏度的增加而增加。对于高黏度原油，需要高浓度的聚合物溶液来改善流度控制，这不仅影响聚合物溶液的注入能力，且降低了经济效益。聚合物驱推荐的原油黏度应小于 100mPa·s。

聚合物驱在稠油油田上应用方面，调研了加拿大 Pelican Lake 油田应用聚合物驱的情况，稠油油藏实施聚合物驱后，原油产量从 43bbl/d 上升至 700bbl/d，含水率低于 60%。对于黏度较高的区块，含水率下降幅度不是很大，但增油效果仍然良好。CNRL 公司于 2006 年在 Pelican Lake 油田实施的聚合物驱产量达 20000bbl/d。

表 1-2 中列出了加拿大 Pelican Lake 油田聚合物驱基本参数。

表 1-2　加拿大 Pelican Lake 油田聚合物驱基本参数

区块所属公司	开发年份	生产井口	注入井口	孔隙度%	渗透率mD	深度, m	API 度°API	黏度, cP	温度, ℃
CNRL 公司	2006	1000	200	29	1000~4000	457	13	1000~4000	15.5
Cenovus 能源公司	2004	445	280	30	500~5000	305~396	13.5~16.5	1000~5000+	17.2

6. 油层渗透率变异系数

渗透率变异系数是描述油层纵向非均质性的参数，它是影响聚合物驱采收率的重要参数之一，也是决定一个油藏是否适合聚合物驱的重要指标。

储层一般都是沉积岩，一个厚油层是由许多不同渗透率层段组成的，由于沉积环境不同，各层段的渗透率有较大差异，即层内存在非均质性。

油层的层间非均质性或者油层内部的非均质性，在聚合物驱情况下都会得到改善。数值模拟研究表明，渗透率变异系数在 0.72 左右时，采收率增幅最大；渗透率变异系数小于 0.72 时，采收率增幅随渗透率变异系数的增加而增加；渗透率变异系数大于 0.72 时，采收率增幅随渗透率变异系数的增大而减小。这是由于渗透率差异过大，聚合物溶液调节沿高渗透率层突进的作用减小。

7. 油层埋藏深度

由于油层温度随着油层深度的增加而增加，因此对油层埋藏深度的要求主要取决于聚合物降解的温度。油层温度与油层深度的关系可用式（1-1）表示：

$$T = \alpha H \qquad (1-1)$$

式中　T——油层温度，℃；

　　　α——温度梯度，℃/m；

　　　H——油层深度，m。

适合聚合物驱开发的油藏一般属于浅层油藏和中深层油藏，通常埋藏深度小于 2500m。

从以上分析可以看出，聚合物油藏的适用条件是随着科学技术的发展、聚合物产品性能的提高而不断变化的，如果突破一些界限生产出耐温、抗盐的新型聚合物，聚合物油藏的适用条件会相应地放宽。

第二节　聚合物驱油藏工程方法

一、聚合物驱层系及井网井距的确定

由于受到井网井距及地质条件的影响，导致注聚合物区块聚合物驱控制程度不同，从而产生聚合物驱效果的差异。理论研究及矿场实践表明，随着聚合物驱控制程度的增加，聚合物驱采收率提高值增加。例如，喇嘛甸油田北东块 1-1# 站地区由于油层连通差，聚合物驱控制程度低，其采收率提高值比全区低 5.5 个百分点。因此，适当缩小井距，改善油层连通关系，提高聚合物驱控制程度，是提高聚合物驱效果的一个重要途径。

1. 聚合物驱控制程度概念

由于聚合物的分子尺寸远大于水的分子尺寸，中低渗透油层中存在一部分较小的孔隙只允许水分子通过而不允许聚合物分子通过，即与聚合物分子量不匹配的孔隙空间聚合物驱难以控制，从而缩小了聚合物溶液实际控制体积，影响了聚合物驱效果。对于这种情况，不能继续延用水驱的井网控制程度或连通率进行描述，为了更好地把握中低渗透油层聚合物驱的适应性，在综合考虑井网控制程度、连通关系及聚合物与油层渗透性匹配关系等因素的基础上，提出了聚合物驱控制程度的概念[1]。

在计算聚合物驱控制程度时，采用在一定聚合物分子量条件下以聚合物溶液可进入的油层孔隙体积占油层总孔隙体积的百分比统计，描述公式如下：

$$\eta_{聚} = V_{聚} / V_{总} \tag{1-2}$$

$$V_{总} = \sum_{j=1}^{m} \Big[\sum_{i=1}^{n} (S_{总i} \cdot H_{总i} \cdot \phi) \Big] \tag{1-3}$$

$$V_{聚} = \sum_{j=1}^{m} \Big[\sum_{i=1}^{n} (S_{聚i} \cdot H_{聚i} \cdot \phi) \Big] \tag{1-4}$$

式中　$\eta_{聚}$——聚合物驱控制程度；

$V_{聚}$——聚合物分子可进入的油层孔隙体积，m^3；

$V_{总}$——总孔隙体积，m^3；

$S_{总i}$——第 j 油层第 i 井组井网总含油面积，m^2；

$S_{聚i}$——第 j 油层第 i 井组聚合物驱井网可控制面积（本书指忽略第 j 油层第 i 井组尖灭区及渗透率小于 0.1D 和有效厚度小于 1m 的面积），m^2；

$H_{总i}$——第 j 油层第 i 井组注采井连通厚度，m；

$H_{聚i}$——第 j 油层第 i 井组聚合物分子可进入的注采井连通厚度，m；

ϕ——孔隙度，小数。

2. 聚合物驱控制程度对驱油效果的影响

利用数值模拟研究了聚合物驱效果对聚合物驱控制程度的敏感性。研究表明，当聚合物驱控制程度小于 70% 时，随着聚合物驱控制程度的增加，聚合物驱效果明显增加；当聚合物驱控制程度大于 70% 时，聚合物驱效果对聚合物驱控制程度的敏感性降低。统计大庆油田 1996—1998 年主力油层工业化聚合物驱区块的聚合物驱控制程度，平均为 79.4% 左右，处于聚合物驱效果不敏感区域。萨中以北地区二类油层聚合物驱控制程度平均为 70% 左右，正处于聚合物驱效果的敏感区域，聚合物驱控制程度的增减对驱油效果影响较大，这也说明，对于二类油层，聚合物驱更应注重通过提高聚合物驱控制程度以改善区块聚合物驱效果。

聚合物驱控制程度的差异对聚合物驱含水率变化规律有着较大的影响。通过数值模拟计算对比分析，得出随着聚合物驱控制程度的减少，含水率曲线变化有以下特点：聚合物驱见效时间提前，含水率下降幅度减小，含水率下降到最低点时机提前，低含水率持续时间缩短，含水率回升速度加快（图 1-2）。

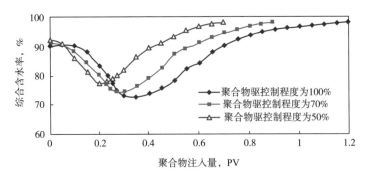

图 1-2　聚合物驱控制程度与含水率变化曲线的关系

研究结果表明，计算聚合物驱控制程度不仅是确定注采井距、层系组合、射孔对象的重要依据，而且对预测聚合物驱效果、综合含水率曲线变化形态和确定聚合物驱开发方案有着极其重要的指导意义。

（1）聚合物驱控制程度对聚合物驱效果起着决定性的影响，注采连通方向越少，聚合物驱控制程度越低，水驱、聚合物驱最终采出程度和采收率提高值都相应下降。

（2）在聚合物驱控制程度低于 70% 时，水驱、聚合物驱最终采出程度和采收率提高值的下降幅度明显增大，这也说明可以根据聚合物驱控制程度大于 70% 为筛选聚合物分子量大小的依据。

（3）在上述条件下，聚合物驱控制程度为 50% 时只有单向连通，采收率提高值只有 5.93 个百分点，相比聚合物驱控制程度为 100% 时的采收率提高值减少了 3.2 个百分点（图 1-3）。

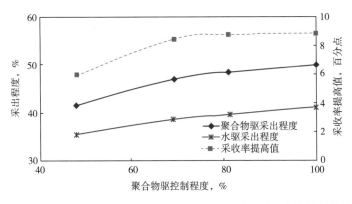

图 1-3　聚合物驱控制程度对聚合物驱效果的影响规律（渗透率变异系数为 0.62）

3. 聚合物分子量与油层的匹配关系

聚合物分子量与油层的匹配关系是指在一定的聚合物浓度条件下，聚合物溶液能否顺利注入油层，不对油层造成堵塞。在室内天然岩心流动实验的基础上，得到了聚合物分子量与油层的匹配关系（图 1-4）。从图中可以看出，对于普通聚合物，分子量与油层渗透率极限是呈线性关系的。对于给定的渗透率，存在一个不造成油层堵塞的聚合物分子量上限；反之，对应一个给定的聚合物分子量，存在一个可以进入油层的渗透率的下限。在确定一个区块适宜注入的聚合物分子量大小时，需要考虑聚合物分子量与油层的匹配关系及该分子量条件下的聚合物驱控制程度等因素。

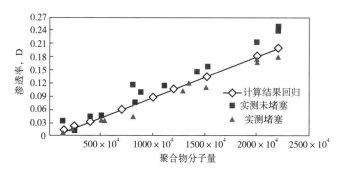

图 1-4　聚合物分子量与油层渗透率的关系

4. 层系组合原则

层系优化组合就是将油层性质相近的开采对象组合到一起，采用同一套井网开采，以减少层间干扰，达到提高最终采收率的目的。对于聚合物驱，还要同时满足一套层系内的油层要尽量适合于注同一种分子量聚合物。在进行层系组合时，除了考虑油层性质、渗透率级差、层系间隔层，还要确定一个较为合理的层系厚度。一套层系的厚度，要有一定的产能维持正常生产，并保证经济效益达到行业标准。

从技术上说，层系细分后，可使某些层系内的渗透率级差缩小，减小层间矛盾。例如，喇嘛甸北北块由两套分为四套后，第二套二类层系萨Ⅱ13+14—萨Ⅲ3和第三套二类层系萨Ⅱ4—萨Ⅱ12的层间矛盾都有所减小，其他两套层系的渗透率级差没有变化，但是由于层段缩短，实施分注时分注层段减少，2~3段足以满足需要，大大简化了分注工艺，而且可以达到较好的分注开采效果。

根据以上几方面考虑因素，结合油层的发育状况以及注聚合物对象的限定，制定层系组合原则如下：

（1）一套层系内的聚合物驱单元要相对集中，层系内油层地质条件应尽量相近，渗透率级差不应过大，在目前分层工艺条件下，层间平均渗透率级差如果大于2，则应考虑进行分层注入。纵向上连续的同类型油层组合到一起，减少层间干扰，如果同类型油层厚度太小达不到层系厚度的最低界限，可将相邻的不同类型油层组合进来，但要采取相应工艺技术以减少层间干扰。

（2）原则上以砂岩组为单元进行层系组合，如果把砂岩组分为两套层系，中间应有良好的隔层。

（3）以注入井为中心，凡钻遇河道砂和有效厚度大于1m的非河道砂，均作为聚合物驱对象，组合到相应的层系中。

（4）在经济条件允许的条件下，尽可能减小层系厚度，以获得较高的采收率，一套层系厚度一般不低于5m[2]。

5. 聚合物驱合理井网、井距的确定方法

与水驱相比，聚合物驱在对井网、井距的要求上有很多不同的特点。例如，水驱开发时间可以安排 20~30 年，甚至更长，而聚合物驱则必须考虑聚合物溶液在油层多孔介质中的稳定性问题，时间越长，聚合物溶液的黏度损失越大。又如，注水开发可以安排反九点法面积井网，油水井比例在 3∶1 的条件下，注水井的注水强度仍能满足一定采液速度的需要。而聚合物溶液的黏度为 30mPa·s 左右，比水的黏度高几十倍，井网井距的合理安排则必须考虑聚合物溶液的注入能力问题，既能满足一定的采液速度的要求，又不能超过油层的破裂压力。

在深入总结小井距、厚层试验区、中区西部、北一区断西等聚合物驱矿场试验的基础上，进行了综合研究及数值模拟理论计算工作，总结出注聚合物后注入压力上升、采液指数下降的影响因素及变化特点，并针对大庆油田萨中以北地区现有井网的实际，提出了不同地区聚合物驱主力油层的合理井网井距及聚合物驱井网井距加密原则。

此外，聚合物驱控制程度也是影响井网井距的一个主要因素。聚合物驱控制程度反映了井网对油层的控制情况，随着井网密度及完善程度的增加，井间连通关系得到改善，井网控制储量增加，聚合物驱控制程度提高。研究表明，聚合物驱控制程度对聚合物驱效果起着决定性的影响，为此，提出了主力油层工业化区块聚合物驱控制程度应达到 75% 以上，中心井区聚合物驱控制程度应达到 80% 以上的技术界限，为聚合物驱层系组合和注采井距优化提供了可靠的依据，确保了聚合物驱总体开发效果。

为了提高聚合物驱控制程度，一是可采取井网加密的方式，如北二东东块是萨北开发区工业化聚合物驱见效较差和井网适应性较差的区块，该区块聚合物驱控制程度仅为 68.4%，一类连通率为 57.2%，注聚合物后间注井比例达到 51.4%，油井见效比例为 65.7%。为进一步提高聚合物驱开发效果，以提高聚合物驱控制程度为目的，开展了井网加密。加密后试验区聚合物驱控制程度可提高 10.3 个百分点，达到 78.7%，有效地改善了聚合物驱开发效果。二是以井组为单元，对局部注采关系不完善井区采取井网综合利用、优化射孔方案等措施，缩小油水井间的距离，提高单砂体控制程度，挖潜剩余油，提高聚合物驱开发效果。例如，北 2-丁5-P52 井是北二东西块一口采出井，处于河间砂部位，砂体厚度薄，渗透率低，注采井连通状况差，注聚合物后见效缓慢、油层动用差。通过补开二次加密井北 2-丁5-460 的 PI 组油层，完善了这一区域的注采关系，提高了聚合物驱控制程度。补孔前后效果对比，北 2-丁5-460 井日增液 97t，日增油 42t，含水率下降 18.2 个百分点。

1）聚合物驱合理井网分析

聚合物驱采用何种井网，不仅对聚合物驱效果有影响，更重要的是关系到注入井的注入量。在同样注入速度下，反九点法的单井注入量相当于五点法的 3 倍，累计注入量也相当于五点法的 3 倍，因此注入压力超过破裂压力的可能性将会大大增加。在确定合理井网时，还要考虑与现有井网的衔接与搭配，同时还要考虑上返油层对井网的适应性等。为了确定聚合物驱所适应的最佳井网，结合油田油层性质和现有井网的实际，应用数值模拟方法，对 6 种井网进行了聚合物驱效果对比分析。

根据已开展的聚合物驱矿场试验地质条件，设油层有效厚度为 12m，纵向分成 5 个等厚层，油层纵向非均质变异系数为 0.70，平均渗透率为 1000mD，油层类型为正韵律油层，由上而下渗透率分别为 101mD、260mD、491mD、938mD 和 3207mD，有效孔隙度为 0.26。

设注采井距为 250m，模型采用均匀网格。正对、斜对线状行列井网，正、反九点法面积井网的模型网格数均为 $7 \times 7 \times 5 = 245$；五点法面积井网的模型网格数为 $5 \times 5 \times 5 = 125$；四点法面积井网的模型网格数为 255。

设注采速度为 0.19PV/a，保持注采平衡，按此原则对不同井网的油水井给出了注入量和采液量。

对不同井网进行数值模拟计算时分成 3 个部分，首先从模型初始状态开始水驱模拟到油井综合含水率为 90%。然后，一部分是继续水驱模拟到油井综合含水率为 98%；另一部分是聚合物驱模拟，即先注 0.095PV 清水（矿化度为 800mg/L），接着注 380mg/（L·PV）聚合物溶液（浓度为 1000mg/L），后注清水到油井综合含水率为 98%。

表 1–3 中列出了不同井网水驱和聚合物驱效果对比情况。从表中可以看出，在油层条件和注采速度相同的前提下，只改变井网类型，水驱采收率相差 2.2 个百分点。斜对行列井网的水驱效果较好，反九点法面积井网较差。水驱效果由好到差的顺序为斜对行列、五点法、四点法、正对行列、正九点法和反九点法。

表 1–3　不同井网水驱和聚合物驱效果对比

井网类型	水驱采收率，%	聚合物驱采收率，%	采收率提高值，百分点	注采井数比
正对行列	39.6	50.2	10.6	1:1
斜对行列	40.6	51.5	10.9	1:1
五点法	40.3	50.6	10.3	1:1
四点法	39.7	49.8	10.1	1:2
正九点法	39.2	49.2	10.0	3:1
反九点法	38.4	49.0	10.6	1:3

水驱开发效果较好的井网，其聚合物驱效果也好。在聚合物用量、注入方式相同的条件下，聚合物驱采收率相差 2.5 个百分点。斜对行列井网的聚合物驱效果较好，采出率达到 51.5%，反九点法面积井网的聚合物驱效果差，采出率为 49.0%。聚合物驱效果由好到差的顺序为斜对行列、五点法、正对行列、四点法、正九点法和反九点法。

计算结果表明，聚合物驱效果以斜对行列和五点法井网最好，正对行列和四点法井网次之，反九点法井网效果最差。此外，斜对行列和五点法井网的注采井数比为 1:1，四点法为 1:2，反九点法为 1:3。由于聚合物溶液的黏度高，在注入过程中，注入压力会逐步升高，为保证聚合物溶液的顺利注入，不会出现高于油层破裂压力的情况，从单井承受的注入能力角度来看，采用斜对行列和五点法井网是最为有利的。

此外，井网形式不同，聚合物驱后形成的滞留区也有所不同。根据理论研究结果，斜对井网较正对井网好；注采井数比为 1:1 时的聚合物驱效果优于其他注采井数比。注采井数比为 1:1 时形成的滞留区相对较小，聚合物驱控制程度高。

2）聚合物驱合理井距研究

聚合物驱注采井距的确定是一个复杂的问题，已经开展的聚合物驱油试验中，注采井距从 75m 到 300m，最大井距是最小井距的 4 倍，如按五点法面积井网计算，最大井网密度是最小井网密度的 16 倍。从井距井网密度关系曲线看出，当注采井距 100m 时，井网密度为 100 口 /km²；当注采井距为 250m 时，井网密度为 16 口 /km²；当注采井距为 500m 时，井网密度仅为 4 口 /km²。由此可见，随着注采井距变小，井网密度按平方倍数递增。井网密度越大，钻井数就越多，投资就增加，聚合物驱经济效益就会降低。聚合物驱采用的注采井距大小对聚合物驱工业化进程有至关重要的影响。

从理论和实际应用都可以得出，注采井距的大小首先影响聚合物驱控制程度。结合大庆油田油层和注水开发的实际以及已开展的聚合物驱矿场试验效果，研究了聚合物驱注入能力、采液能力、油层渗透率等与注采井距的关系。

（1）聚合物驱注入能力与注采井距的关系。

聚合物驱矿场试验动态反映表明，聚合物驱过程中，由于增加了注入水的黏度以及聚合物在油层中的滞留作用，使流度比降低，油层渗透率下降，流体的渗流阻力增加。注聚合物初期，由于注入井周围油层渗透率下降较快，导致注入压力上升快；当近井地带油层的吸附捕集达到平衡后，渗流阻力趋于稳定，注入压力也趋稳定或上升缓慢；当降低注入浓度或转入后续水驱阶段时，注入压力又开始逐渐下降。

从式（1-5）中可以看出，压力上升值Δp与注入强度Q/h成正比。北一区断西注入强度比中区西部单层区高出一倍多，因此注入压力上升值也高出一倍多（表1-4）。

$$\Delta p = 0.0018Q\left[\frac{1}{h\lambda}\ln\left(\frac{r}{r_{\mathrm{w}}}\right)\right] \tag{1-5}$$

式中　Δp——压力上升值，MPa；

　　　Q——注入量，m³/d；

　　　h——油层厚度，m；

　　　λ——聚合物溶液流度，D/（mPa·s）；

　　　r——聚合物前缘半径，相当于注采井距，m；

　　　r_{w}——井筒半径，m。

表1-4　注聚合物前后注入压力变化

试验区	注采井距，m	注入强度，m³/（d·m）	注水压力，MPa	注聚合物压力，MPa	压力上升值，MPa
小井距	75	28.3	5.8	8.8	3.0
厚层	200	16.7	9.1	11.9	2.8
中区西部单层区	106	8.6	4.8	7.4	2.6
中区西部双层区	106	9.5	4.78	6.55	1.77
北一区断西	250	17.3	5.5	12.3	6.8

在具体的油层条件下，注入强度取决于每口井的注入量。对于五点法面积井网，单井注入量可写成：

$$Q = 2l^2 h\phi v/360 \tag{1-6}$$

式中　Q——注入量，m³/d；

　　　h——油层厚度，m；

　　　ϕ——油层孔隙度，%；

　　　l——注采井距，m；

　　　v——注入速度，PV/a。

由此可见，注入量与注采井距的平方成正比，即注入压力上升值与注采井距的平方成正比。因此，注采井距扩大之后，为使注入压力不超过油层破裂压力，必须匹配一个相应的注入速度。结合中区西部、北一区断西注聚合物后油层吸水能力的实际资料，分析了注入速度与注采井距的关系，其表达式如下：

$$p_{max} = \frac{l^2 \phi}{180 N_{min}} \cdot v \qquad (1-7)$$

式中　p_{max}——井口最高注入压力，MPa；

　　　l——注采井距，m；

　　　ϕ——油层孔隙度，%；

　　　N_{min}——油层最低视吸水指数，$m^3/(d \cdot m \cdot MPa)$；

　　　v——注入速度，PV/a。

由此分别计算了注采井距分别为 200m、250m、300m 和 400m 条件下，聚合物驱不同注入速度时的最高井口注入压力。表 1-5 中列出了聚合物注入速度与注采井距的关系。从表中可以看出，井口最高注入压力与注入速度成正比直线关系。聚合物驱井口最高注入压力不超过油层破裂压力（14.5MPa），当注采井距为 200m 时，最大注入速度可达0.38PV/a；注采井距为 250m 时，最大注入速度可达 0.25PV/a；注采井距为 300m 时，最大注入速度可达 0.17PV/a；如果注采井距扩大到 400m，最大注入速度接近 0.1PV/a。因此，在聚合物驱注入速度为 0.17~0.19PV/a 时，采用 200~300m 的注采井距是可行的。

表 1-5　聚合物驱注入速度与注采井距的关系

注入速度，PV/a	井口注入压力，MPa			
	注采井距为 200m	注采井距为 250m	注采井距为 300m	注采井距为 400m
0.05	1.83	2.87	4.13	7.34
0.10	3.67	5.73	8.25	14.67
0.15	5.50	8.60	12.38	
0.19	6.97	10.89	15.68	
0.25	9.17	14.33		
0.30	11.01	17.20		
0.38	13.94			

（2）聚合物驱产液能力与注采井距的关系。

注聚合物后，生产井流压下降，产液能力降低。在聚合物驱过程中，由于注入流体的黏度增加，流动阻力增加，使压力传导能力下降，虽然注入压力增加，但是生产井的流压仍下降，油井产液能力也随之降低。油井产液能力降低主要发生在注聚合物初期，之后下降变得缓慢，降低注入浓度及后续水驱阶段，生产井流压又逐步回升，产液指数逐步增加。

注聚合物后油井产液能力下降是聚合物驱的普遍规律。小型矿场试验的产液指数下降值在 70% 左右，而断西中心井平均产液指数下降仅为 43.0%（表 1-6）。统计结果表明，油井产液能力下降幅度与综合含水率高低有关，油井初始含水率越高，产液指数下降幅度越大。几次先导性试验都是在综合含水率为 95%~99% 时注聚合物，而北一区断西注聚合物时 16 口中心井的综合含水率为 88.7%，因此其产液指数下降幅度相对较小。

表 1–6　注聚合物前后油井产液能力变化

试验区	注聚合物前产液指数 t/（d·m·MPa）	注聚合物前油井含水率 %	注聚合物后产液指数 t/（d·m·MPa）	产液指数下降幅度 %
小进距	35.2	94.5~99.2	7.6	78.4
厚层	11.44	98.0	3.48	69.6
单层区中心井	5.72	95.0	0.83	85.5
双层区中心井	6.86	94.2	2.05	70.1
断西中心井	4.77	88.7	2.72	43.0

根据中区西部、北一区断西中心井注聚合物后产液指数的变化规律，如果产液指数下降最大幅度为 55%，则井底流压与注采井距、采液速度等因素的关系如下：

$$p_i = p_e - \frac{l^2 \phi}{180 n_{min}} \cdot v \qquad (1-8)$$

式中　p_i——油井井底流压，MPa；

　　　p_e——油层压力，MPa；

　　　l——注采井距，m；

　　　ϕ——油层孔隙度，%；

　　　n_{min}——产液指数，t/（d·m·MPa）；

　　　v——采液速度，PV/a。

由此计算了注采井距分别为 200m、250m、300m 和 400m 时，不同采液速度下的油井井底流压（表 1–7）。

表 1–7　聚合物驱采液速度与注采井距的关系

采液速度，PV/a	井底流压，MPa			
	注采井距为 200m	注采井距为 250m	注采井距为 300m	注采井距为 400m
0.10	8.31	6.79	4.94	0.23
0.15	6.96	4.69	1.92	
0.19	5.89	3.0		
0.25	4.27	0.49		
0.30	2.92			
0.38	0.77			

从表中可以看出，油井井底流压与采液速度成反比直线关系，与注采井距的平方成反比。聚合物驱时油井井底流压如果保持在 3.0MPa 以上，注采井距为 200m 时的采液速度可达 0.3PV/a，注采井距为 250m 时的采液速度达 0.19PV/a，注采井距为 300m 时的采液速度达 0.13PV/a，当注采井距扩大到 400m 时，其采液速度只能达到 0.075PV/a。由此可见，采用 200~300m 的注采井距，采液速度可以达到 0.13~0.19PV/a。

（3）不同渗透率油层聚合物驱井距分析。

大庆油田适合聚合物驱的储量潜力很大，其中包含中、低渗透厚油层，针对不同渗透率油层聚合物驱合理井距问题开展了一些研究。

根据马斯凯特公式推导计算了不同渗透率油层注聚合物能力与注采井距的关系，其关系式如下：

$$i_p = \frac{0.542hK\lambda_p\Delta p}{\ln\dfrac{r_{wo}}{r_w} + M\ln\dfrac{r_e}{r_{wo}}} \tag{1-9}$$

式中　i_p——注入速度，PV/a；

　　　h——油层有效厚度，m；

　　　K——油层空气渗透率，D；

　　　λ_p——聚合物溶液流度，D/（mPa·s）；

　　　Δp——注入井井底压差，MPa；

　　　r_{wo}——注入井到聚合物驱前缘的距离，m；

　　　r_w——井筒半径，m；

　　　r_e——注采井距之半，m；

　　　M——流度比，无量纲。

从不同渗透率油层聚合物驱注入速度与注采井距的关系（表1-8和图1-5）可以看出，当注采井距为200m，井口注入压力为12.0MPa，油层渗透率分别为2500mD、1500mD、1000mD和500mD时，其注入速度可分别达到0.40PV/a、0.24PV/a、0.163PV/a和0.081PV/a；当注采井距为250m时，其注入速度分别为0.23PV/a、0.138PV/a、0.0921PV/a和0.046PV/a；当注采井距增大到300m时，其注入速度分别为0.151PV/a、0.092PV/a、0.062PV/a和0.031PV/a。

表1-8　不同渗透率油层聚合物驱注入速度与注采井距的关系（井口注入压力为12.0MPa）

渗透率，mD	注入速度，PV/a						
	注采井距为100m	注采井距为200m	注采井距为250m	注采井距为300m	注采井距为400m	注采井距为500m	注采井距为600m
500	0.328	0.081	0.046	0.031	0.0168	0.011	0.00714
1000	0.657	0.163	0.0921	0.062	0.0338	0.021	0.0143
1500	0.985	0.24	0.138	0.092	0.051	0.0315	0.021
2500	1.64	0.40	0.23	0.151	0.084	0.0525	0.0357

上述计算结果表明，聚合物驱采用200~250m的注采井距，对多数油层如果能适当提高注入压力，基本上可满足注入速度为0.1~0.2PV/a的要求。

针对上述研究结果和大庆油田的实际情况，进一步分析了注入速度与注入强度的关系以及不同油层注入量与注入速度的关系。分析结果表明，注入强度与注入速度成正比关系，当注入速度为0.16PV/a时，喇嘛甸油田212m注采井距的注入强度为11m³/（d·m），萨中、萨北地区250m注采井距的注入强度为14m³/（d·m）。当注入速度达到0.19PV/a时，喇嘛甸油田的注入强度为13m³/（d·m），萨中、萨北地区的注入强度达到17m³/（d·m）。不同油层注入量与注入速度也成正比关系，当油层有效厚度为15m，注入速度为0.15PV/a时，其注入量为200m³/d；注入速度为0.19PV/a时，其注入量为255m³/d。

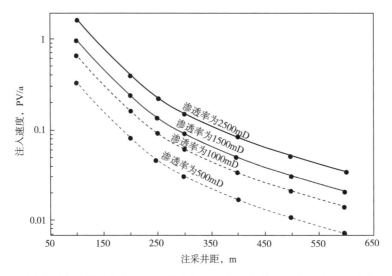

图 1-5　不同渗透率油层聚合物驱注入速度与注采井距的关系（井口注入压力为 12.0MPa）

6. 聚合物驱布井原则

聚合物驱布井原则如下：

（1）考虑到聚合物驱控制程度对聚合物驱效果的影响，可以根据情况适当缩小井距，以保证聚合物驱效果。

（2）根据萨中以北地区各类油层开采井网和数值模拟计算结果表明，大庆油田聚合物驱采用五点法面积井网和斜对行列井网，其聚合物驱效果最佳。

（3）五点法面积井网和斜对行列井网聚合物驱时，注采井距采用 200~300m，可满足注采速度达到 0.15~0.19PV/a，开采时间 8 年左右。

（4）考虑到新老井网衔接及尽量利用老井，萨中、萨北地区采用斜对行列井网或五点法面积井网，注采井距为 250m 左右；喇嘛甸油田采用五点法面积井网，注采井距为 212m。

（5）充分考虑与邻部注聚合物井、过渡带井网的衔接，主要考虑葡一组油层，尽量考虑萨尔图层系上返时对井网的要求，使上返时油水井利用率较高。

（6）充分利用原开采葡一组油层的基础井网老油水井，原则上都要利用，按需要不能进行封堵和补孔的井均应全部重新布井。

（7）注入井原则上选择新钻的井，新油井要布在分流线上。

（8）断层附近要考虑保护套管，采取局部灵活布井使注采系统尽量完善。

（9）布井时充分考虑原层系井的井况，不能利用的井要更新。

二、聚合物驱注入参数

通常来讲，油田都不是首先注聚合物，而是在一定开发生产阶段之后转为聚合物驱，而且常常是在原井网上加密后进行聚合物驱。研究认为，聚合物的注入时机对采收率几乎没有影响[3]。

图 1-6 显示了注入时机与采收率提高值及省水量间的变化关系曲线。计算中所用油层模型为渗透率变异系数为 0.72 的油层，聚合物分子量为 1200×10^4，注入浓度为

800mg/L，段塞体积为0.3PV。

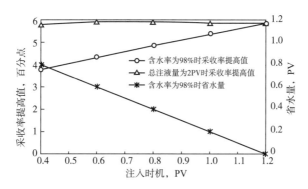

图1-6 注入时机与采收率提高值及省水量关系曲线

图1-6中的横坐标（注入时机）表示的是在向油层注入聚合物之前已向油层中注入清水的体积，该数值越小，说明向油层注入聚合物的时机越早。研究表明，在向油层连续注清水条件下，采出液中含水率达至98％时，需要的注入水量为2PV。但是，在向油层中注入聚合物时，由于其加快了对油层原油的开采，采出液中含水率达至98％时所需累计注液量可能不到2PV。因此，图1-6中所标明的省水量指的是聚合物驱至含水率为98％时所消耗的累计注液量较连续水驱至含水率为98％时所消耗水量少出的那部分水量。

计算结果表明，聚合物驱动态与注入时机（即聚合物开始注入时油层油水饱和度分布状态）无关，无论什么时候开始注入，都是在聚合物注入后的累计注液量为0.8PV时采出液中含水率达到98％。因此，省水量将与聚合物注入时机密切相关，聚合物注入越早，省水量越大，而且这种关系应该是线性的。如图1-6所示，计算给出的省水量与注入时机的关系是一条严格的直线。在已注水至0.4PV时开始注入聚合物，含水率达到98％时累计注入体积为1.2PV，省水量是0.8PV；而在已注水至1.2PV时开始注入聚合物，那么将在累计注入到2PV时含水率达到98％，省水量已减少至0。

图1-6中还显示了两条采收率提高值随注入时机的变化关系曲线。这两条曲线说明，只要累计注液量都延续至2PV时结束，那么聚合物驱油采收率提高值将与注入时机无关。如果都只驱至含水率为98％时结束，那么早期注入聚合物虽然比晚期注入聚合物获得的省水量大，但获得的采收率提高值反而较低。

显然，两种情况下获得聚合物采收率提高值的差别，完全是因累计注液量不同引起的。例如，对于已注水至0.4PV时开始注入聚合物的方案，其省水量为0.8PV，即累计注液量1.2PV达至含水率98％时，这时的采收率提高值是3.75个百分点。倘若在含水率为98％时不停止注水，而是继续注水0.8PV，将累计注水量延至2PV时结束，那么如果含油量平均按2％计算（因含水率在98％后上升慢），将可继续采出原油0.016PV，而油层原始含油体积是0.8PV，即采收率将增加2个百分点。图1-6中显示内容与实际计算结果是一致的。

1. 聚合物分子量的选择

聚合物分子量是表征聚合物特性的一个重要参数，研究结果表明，它的大小将直接影响聚合物驱的最终效果。聚合物的分子量越大，聚合物驱的采收率提高值越大。

应用三层非均质岩心进行了不同分子量聚合物的室内驱油实验。注入浓度为1000mg/L，聚合物用量为570mg/（L·PV），具体实验结果见表1-9。

表1-9　不同分子量聚合物驱效果

分子量，10^4	水驱采收率，%	聚合物驱采收率，%	最终采收率，%
550	32.7	10.6	43.3
1100	32.9	17.9	51.8
1860	32.2	22.6	54.8

从表1-9中可以明显看出，高分子量聚合物的驱油效果明显好于低分子量聚合物的驱油效果，其主要原因是高分子量聚合物具有较强的增黏性和较大的残余阻力系数，这对于扩大聚合物的波及体积是十分有利的。

在确定聚合物分子量时，应着重考虑两个方面的因素：一方面，要考虑选择尽可能高的聚合物分子量，从而获得更好的聚合物驱性能，改善聚合物驱效果，降低聚合物用量；另一方面，要考虑聚合物分子与不同渗透率油层的匹配关系，尽可能增加聚合物溶液可进入的油层孔隙空间，提高聚合物驱控制程度，获得更好的聚合物驱效果。

优选具体层系的聚合物分子量，应以室内研究与地质分析为基础，从以下4个方面开展优选工作：一是确定聚合物分子量与不同渗透率油层的匹配关系，从而确定各油层所适应的聚合物分子量上限；二是确定聚合物分子量的变化对区块最终采收率的影响；三是确定不同聚合物分子量所对应的区块聚合物驱控制程度；四是综合考虑聚合物驱控制程度和不同分子量聚合物对驱油效果的影响，优选适合该区块油层条件的聚合物分子量。

2. 注入速度的选择

聚合物驱溶液的注入速度是聚合物驱方案编制过程中的一项重要设计参数，其设计值的高低直接影响油田聚合物驱区块的逐年产油量，同时也将影响聚合物驱的总体技术效果和经济效益。因此，针对油田的实际情况和需要，应该确定合理的聚合物溶液注入速度。

表1-10中列出了不同注入速度对聚合物驱效果的影响情况。从表中可以看出，注入速度的高低对最终采收率影响不大，主要对注入压力有影响；注入速度对累计注入量影响较大，因此注入速度越低，相应的开采时间越长，注入速度不能选得过低。

表1-10　注入速度对聚合物驱效果的影响

注入速度，PV/a	聚合物驱采收率，%	采收率提高值，百分点	产聚合物率，%	开采时间，a	注入量，PV
0.08	51.51	12.32	48.36	9.54	0.763
0.10	51.36	12.17	48.46	7.62	0.762
0.12	51.22	12.03	48.57	6.34	0.761
0.14	51.07	11.88	48.68	5.43	0.760
0.16	50.94	11.78	48.81	4.75	0.760
0.18	50.81	11.62	48.93	4.22	0.760
0.20	50.68	11.49	49.06	3.79	0.758

图 1-7 显示了不同注入速度条件下含水率变化关系曲线。由于注入速度的高低不同，从而导致聚合物驱生产井综合含水率随时间的变化情况也有所不同。注入速度的高低对含水率随时间变化的形态影响是比较大的。注入速度低，含水率随时间的变化越缓慢，最低含水率出现时间越晚，低含水率期稳定的时间也就越长。聚合物溶液的注入速度还影响"拿油"的早晚。图 1-8 显示了不同注入速度条件下的阶段产油速度变化曲线，该图直观地反映了不同注入速度条件下区块稳产期的变化情况。为了保证区块有较长的稳产期和相对较高的产量，聚合物溶液的注入速度应控制在 0.16PV/a 以下，有利于油田的可持续发展。

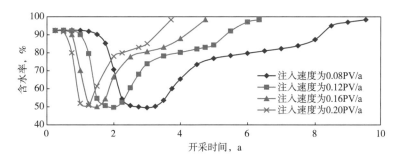

图 1-7　不同注入速度条件下含水率变化关系曲线

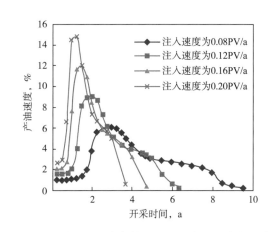

图 1-8　不同注入速度条件下的阶段产油速度变化曲线

与水驱一样，聚合物驱地层压力应保持在合理的范围内，图 1-9 显示了在注完聚合物溶液后注入井地层压力和生产井地层压力随注入速度的变化情况。从图中可以看出：随着注入速度的增加，注入井的平均地层压力增加，生产井的平均地层压力下降；注入速度越高，注采压差越大。

综上所述，聚合物驱注入速度对聚合物驱整体效果存在一定的影响，为了保证区块有较长的稳产期和较好的聚合物驱技术效果，通常状况下，方案设计时针对不同区块（包括纯油区和过渡带）的实际地质情况，聚合物的注入速度为 0.10~0.16PV/a。为了确定一个在不超过油层破裂压力下而允许的注入速度，根据井口最高注入压力与注入速度的关系，应计算不同区块在油层的平均视吸水指数下不同的聚合物溶液注入速度所对应的最高井口注入压力及平均单井注入量。

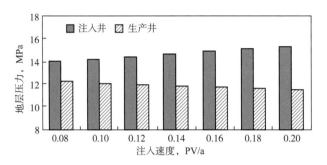

图 1-9　注入速度与地层压力的关系

3. 聚合物用量的选择

聚合物驱的主要驱油机理是改善水驱不利的油水流度比，扩大波及体积，提高原油采收率。聚合物驱和水驱相比，主要是流度比的不同。小的流度比活塞性驱油采收率提高幅度较大，因此从改善流度比出发，在整个聚合物驱开发过程中，为避免水驱后开始出现指进现象，从注聚合物开始到某一区块开发结束，都可以注入聚合物溶液，但考虑成本投入问题，采用聚合物溶液段塞的注入方式，也就引出了聚合物用量的问题。聚合物用量是决定聚合物驱提高采收率大小和经济效益好坏的一个重要参数，它的确定是否合理，将直接影响聚合物驱的总体效果。

根据目前的理论研究结果和实践经验，对于大庆油田的聚合物驱，应该采用较大的聚合物用量（具有经济效益的前提下）。其理论和实践依据主要如下：

一是增加聚合物用量可以进一步提高聚合物驱的最终采收率。数值模拟计算结果表明，随着聚合物用量的增加，提高采收率的幅度逐步增加。当聚合物用量大于 400mg/（L·PV）后，采收率上升的幅度逐渐变缓。当聚合物用量从 570mg/（L·PV）增加至 750mg/（L·PV）时，聚合物驱最终采收率仍然可以提高 1.67 个百分点。

二是增加聚合物用量可以延缓聚合物驱后期的含水率上升速度。从图 1-10 中可以明显地看出，聚合物用量越大，后期含水率上升越缓慢。从综合含水率和聚合物产出浓度随聚合物用量的变化情况（表 1-11）可以看出，聚合物用量较小的两个井组（井组 6-P3435 和 6-P3555），在聚合物驱后期的含水率上升速度大于聚合物用量较大的井组（井组 5-P3515 和 5-P3425）。前两个井组，聚合物注入量每增加 0.001PV，含水率上升超过 0.065 个百分点，而后两个井组的含水率上升小于 0.053 个百分点。

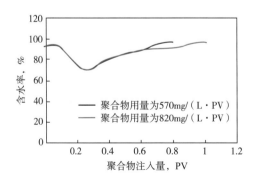

图 1-10　不同聚合物用量下含水率对比

表 1-11 喇南一区中心井含水率回升速度统计表

井组	聚合物用量, mg/（L·PV）	含水率上升速度, 百分点	产出聚合物浓度下降速度, 百分点
6-P3435	460	0.0651	4.86
6-P3555	524	0.1004	7.14
5-P3515	640	0.0438	1.16
5-P3425	681	0.0523	2.09

三是经济评价表明，在保证经济效益的前提下，可以增加聚合物用量。聚合物驱工程是一个系统工程，在注入聚合物之前，需要进行大量的准备和投入，这些前期投入可以说是一次性的。在不考虑前期固定资产投入的前提下，只考虑化学剂成本和相应的生产管理成本等，计算了不同原油价格下，不同注聚合物阶段的吨聚合物产油量和投入产出比（图 1-11）。从图中可以看出，在 1t 原油价格为 1280 元的条件下，投入产出比达到 1.0时，对应的吨聚合物产油量为 55t，也就是说，注入 1t 聚合物能够产出 55t 油就可以实现收支平衡。根据数值模拟计算结果，得出在聚合物用量超过 570mg/（L·PV）之后，增加的吨聚合物产油量和聚合物用量的关系曲线（图 1-12）。从图中可以明显地看出，吨聚合物产油量为 55t 时所对应的聚合物用量为 750mg/（L·PV）。如果原油价格和聚合物的价格不同，则合理的聚合物经济用量也不相同。

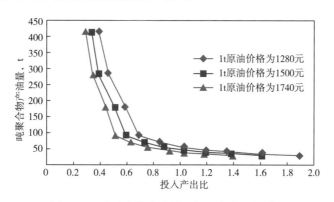

图 1-11 吨聚合物产油量和投入产出比的关系

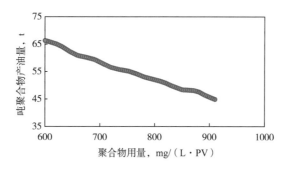

图 1-12 吨聚合物产油量和聚合物用量的关系

四是现场实际生产资料显示，增加聚合物用量仍然具有较高的产油能力。如喇嘛甸油田北东块 1-4# 站地区，1999 年 7 月聚合物用量达到 570mg/（L·PV），单采中心井含水率为 89.3%，吨聚合物产油量为 123t；2000 年 2 月聚合物用量达到 640mg/（L·PV），单采中心井含水率为 91.3%，吨聚合物产油量为 96t；2000 年 10 月聚合物用量达到 780mg/（L·PV），单采中心井含水率为 93.3%，吨聚合物产油量为 64t。

五是采用大的聚合物用量，可以增加可采储量，有利于油田的可持续发展。大庆油田适合于聚合物驱的地质储量为 $27.8 \times 10^8 t$，如果聚合物用量从 570mg/（L·PV）增加到 750mg/（L·PV），则可以增加可采储量 $4643 \times 10^4 t$，如果继续增加聚合物用量到 850mg/（L·PV），则可以增加可采储量 $6728 \times 10^4 t$。

六是增加聚合物用量之后，延长了聚合物驱的开采时间，有利于聚合物驱的综合调整。如果聚合物用量从 570mg/（L·PV）增加到 750mg/（L·PV），聚合物驱总注入孔隙体积倍数增加 0.1426PV。注入速度按 0.1~0.16PV/a 计算，则开采时间可以延长 0.89~1.4 年。

上述分析表明，大庆油田主力油层可以采用较大的聚合物用量，目前主力油层工业化区块的用量基本都在 640mg/（L·PV）以上，具体采用量应根据动态反映而定。

4. 聚合物溶液黏度及浓度的选择

在聚合物用量一定的条件下，注入浓度的高低实际反映了聚合物溶液黏度的高低和聚合物溶液段塞的大小。研究结果表明，聚合物溶液浓度的高低对聚合物驱的各项指标变化存在一定的影响。主要体现在以下几个方面：

（1）注入浓度越高，生产井含水率下降幅度越大，聚合物驱时间越短。

数值模拟计算结果表明，在一定的聚合物注入浓度范围内，注入浓度越高，生产井见效时间越早；生产井含水率下降速度越快，且下降幅度越大；聚合物驱全过程注入量越小，省水量越大。

（2）高浓度聚合物前置段塞，可提高聚合物驱效果。

根据萨中油田中区西部聚合物试验区和喇嘛甸油田北西块聚合物驱 4-4# 注入站 2003 年高浓度（注聚合物浓度为 2200~2500mg/L）的试验结果分析，认为：①注入高浓度，使吸水剖面得到不断调整，吸水状况更加均匀；②注聚合物含水率回升阶段转注高浓度可以有效控制含水率上升速度，进一步提高采收率。

注聚合物初期使用高浓度聚合物前置段塞，可以对注聚合物前进行深度调剖作用不明显的井组或区块起到进一步调整剖面的作用，从而进一步提高聚合物驱效果。

（3）一定范围内注入浓度的高低对最终聚合物驱效果影响较小。

表 1-12 是在聚合物用量为 570mg/（L·PV）的条件下，计算得到的不同注入浓度聚合物驱的主要指标汇总表。从表中可以看出，注入浓度从 400mg/L 增加到 800mg/L 时，采收率提高值只增加了 0.4 百分点。

表 1-12　聚合物注入浓度对聚合物驱效果的影响

注入浓度，mg/L	注入量，PV	最终采收率，%	采收率提高值，百分点
400	1.678	53.03	11.75
600	1.271	53.31	12.03
800	1.094	53.43	12.15
1000	1.017	53.45	12.17
1200	0.985	53.53	12.25
1500	0.973	53.51	12.23

从上述分析可以看出，聚合物溶液的注入浓度对开采时间和含水率变化规律影响较大，如果只从经济效益的角度出发，则应选择较高的注入浓度。必须注意的是，聚合物溶液的黏度越高，注入压力也将越高，势必影响聚合物溶液的正常注入，考虑到现场技术的可行性，根据大庆油田已经开展的和目前正在进行的聚合物驱试验和生产经验，方案设计时基本采用 1000mg/L 左右的溶液浓度，单井浓度根据具体情况而定。

（4）聚合物溶液注入黏度的合理设计。

聚合物的黏度是改善油层中油水流度比和调整吸水剖面的重要参数。注入黏度越高，驱油效果越好，因此聚合物溶液的黏度达到注入方案的要求是保证聚合物驱获得好效果的关键。聚合物溶液的黏度受多种因素的影响，在相同条件下，分子量越大，黏度越高；聚合物溶液浓度增加，其黏度也增加，并且增加的幅度越来越大；水解度越高，聚合物溶液的黏度越高，当水解度达到一定程度后，黏度的增加变得缓慢；聚合物溶液的温度越高，其黏度越低，但在降解温度之前，其黏度是可以恢复的；水中的矿化度越高，聚合物溶液的黏度越低。

此外，聚合物溶液黏度的高低直接影响驱油效果的好坏，在聚合物产品确定之后，溶液的配制黏度取决于配制水的水质。水质的变化直接影响到所配制的聚合物溶液黏度（图 1–13）。由于水质在一年四季中因降雨量、地面温度、湿度等的变化而变化，而水源水中 Ca^{2+}、Mg^{2+} 的含量一般在一年的夏季比较低，而在冬季比较高，因此水质变化将会使所配制的聚合物溶液黏度在夏季较高、冬季较低。在进行方案设计时，各区块应根据水质变化情况，按照不同区块聚合物溶液黏度—浓度关系曲线调整注入浓度，普通聚合物溶液的黏度要求为大于 40mPa·s。

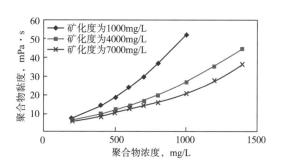

图 1–13　不同矿化度聚合物黏度—浓度关系曲线

5. 注采比对聚合物驱效果的影响

注采比是反映油田产液量、注入量与地层压力之间联系的综合性指标，是规划和设计油田注、产液量的重要依据。合理的注采比是保证合理的地层压力，从而使油田具有旺盛的产液、产油能力，降低无效能耗并取得较高原油采收率的重要保证。

1）注采比对聚合物驱地层压力的影响

（1）注采比小于 1 的情况。

图 1–14 和图 1–15 显示了注采比为 0.9 的条件下，计算得到的水驱和聚合物驱油井和水井地层压力变化对比曲线。从图中可以看出，虽然总体上油井和水井地层压力均呈下降趋势，但是与水驱相比，聚合物驱油井地层压力下降的幅度和速度均较大，而水井在聚合

物驱和水驱两种情况下地层压力初期的变化规律也是一致的，但是聚合物驱压力下降的幅度和速度均小于水驱。

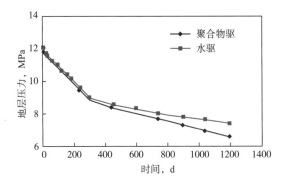

图1-14　聚合物驱和水驱油井地层压力变化曲线（注采比为0.9）

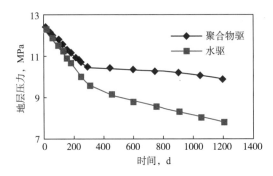

图1-15　聚合物驱和水驱水井地层压力变化曲线（注采比为0.9）

（2）注采比为1的情况。

图1-16和图1-17显示了注采比为1的条件下，聚合物驱和水驱油井和水井地层压力变化的对比情况。从图中可以看出，一是对于油井地层压力，水驱开始下降，而后随着开采时间的增加略有上升，而聚合物驱则是开始下降得比较快，与水驱是一致的，但随着开采时间的延长，一直保持下降的趋势，达到稳定的时间比较长；对于水井地层压力，水驱时开始上升，而后略有下降，聚合物驱则是一直保持上升趋势。这也是聚合物驱本身特性所决定的，即增加了驱替相的黏度并且降低了油层渗透率。

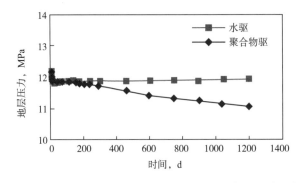

图1-16　聚合物驱和水驱油井地层压力变化曲线（注采比为1）

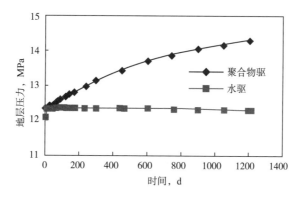

图 1-17　聚合物驱和水驱水井地层压力变化曲线（注采比为 1）

（3）注采比大于 1 的情况。

图 1-18 和图 1-19 显示了注采比大于 1 的条件下，聚合物驱和水驱油井和水井地层压力变化的对比情况。从图中可以看出，聚合物驱和水驱的变化规律是一致的，无论是水井压力还是油井压力均呈上升趋势，只是聚合物驱水井地层压力上升的速度快一些，聚合物驱油井地层压力上升的速度慢于水驱。

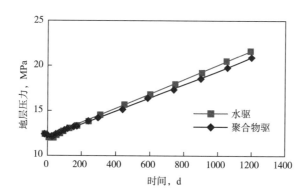

图 1-18　聚合物驱和水驱油井地层压力变化曲线（注采比大于 1）

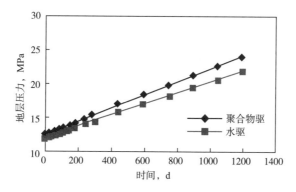

图 1-19　聚合物驱和水驱水井地层压力变化曲线（注采比大于 1）

从上面的分析可以看出，无论是对于水驱还是聚合物驱，不同的注采比会造成不同的地层压力变化，为了保持一个合理的压力系统，必须保持一个合理的阶段或累计注采比，在地层压力较低时，应适当增加注采比，而当地层压力较高时，应适当降低注采比，只有这样才能确保油田的合理开采。

2）不同注采比对聚合物驱效果的影响

图 1-20 显示了在一个典型地质条件下计算得到的不同累计注采比对聚合物驱最终采收率的影响变化情况。从图中可以明显地看出，无论是注采比大于 1 还是小于 1，其最终采收率均低于注采平衡条件下的采收率。在注采比小于 1 时，随着注采比的增加，其聚合物驱的最终采收率是逐渐增加的。例如，注采比从 0.9 增加到 1.0，聚合物驱最终采收率从 46.74% 增加到 50.08%，增加 3.34 个百分点。在注采比大于 1 时，随着注采比的增加，聚合物驱最终采收率是逐渐降低的。当注采比从 1.0 增加到 1.1 时，聚合物驱最终采收率从 50.08% 下降到 46.86%，下降了 3.22 个百分点。其主要原因是注采不平衡，加剧了层间矛盾，导致聚合物驱效果变差。分析注入井的各层吸入情况，整个聚合物驱开采过程中，油层上部和下部注入的孔隙体积倍数统计结果见表 1-13。

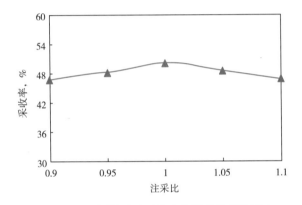

图 1-20　不同注采比对聚合物驱采收率的影响

表 1-13　聚合物驱全过程不同油层部位注入孔隙体积倍数

油层部位	注入孔隙体积倍数，PV		
	注采比为 0.9	注采比为 1.0	注采比为 1.1
上部	0.328	0.358	0.332
下部	2.778	2.622	2.845

从表 1-13 中可以看出，当注采不平衡时，油层上部的注入 PV 数小于注采平衡情况，而下部注入 PV 数大于注采平衡情况，油层上部正是含油饱和度高的地方，这部分油层动用情况变差，直接导致聚合物驱最终效果变差。油层下部注入 PV 数较多，导致所注入的溶液在底部低效通过，无法较好地发挥驱油作用，造成聚合物驱总体效果变差。

综合分析不同注采比对聚合物驱地层压力和采收率等指标的影响，可以得出结论如下：为了取得较好的聚合物驱效果，应该保持一个合理的地层压力系统，地层压力过高或过低都将影响聚合物驱效果，因此地层压力应该保持在原始地层压力附近。

三、注入方式

根据大庆油田主力油层聚合物驱工业化推广区块在推广应用中暴露的一些问题，方案设计中考虑的问题也越来越深入。因此，为确保聚合物驱的效果及方案实施的有效性，在聚合物驱方案优化设计中，应针对各区块的不同地质特点，将方案设计的重点落在聚合物驱的合理注入方式的优选上。

1. 高分子量聚合物前置段塞注入方式

室内物理模拟实验研究结果表明，由于高分子量聚合物具有增黏效果好、渗透率下降系数大等优点，在相同聚合物用量条件下，聚合物分子量越高，采收率增幅越大，要取得相同的采收率提高值，使用高分子量聚合物比低分子量聚合物的用量小。

高低分子量聚合物注入次序及其比例对驱油效果有较大的影响，并且当高分子量聚合物占整个用量的15%~20%时，单位高分子量聚合物用量所获得的采收率提高值最高。

2. 注聚合物时期深度调剖注入方式

深度调剖数值模拟计算分析表明，注聚合物过程中实施深度调剖可比常规聚合物驱多提高采收率2~4个百分点，且注聚合物前实施深度调剖的效果好于中后期，可多提高采收率2个百分点；深度调剖的最佳段塞用量在0.10PV左右。

1）调剖井选井原则

根据以往聚合物驱前深度调剖矿场实践经验，通过综合分析聚合物驱区块的沉积特征，结合油、水井动态资料，确定调剖的基本选井原则如下：

（1）吸入能力强，启动压力低于8.0MPa；周围采出井平均含水率大于93.0%。

（2）油层有效厚度大于10.0m，连通状况好。

（3）纵向非均质性较为严重，压降曲线形态较陡，PI值低于全区平均水平。

（4）油层水淹状况差异较大，存在一定的低水淹、未水淹厚度。

（5）井下技术状况良好。

从以往选取的调剖井统计资料上看，突出表现以下几个特征：

（1）河道砂体发育，油层厚度大、连通性好。

（2）注入井吸入能力强，吸入剖面不均匀。

（3）周围采出井含水率高，采出程度低。

（4）非均质特征明显。

2）调剖井组类型

通过对调剖井组的动、静态资料分析，结合北三东地区的开采状况，所选调剖井主要分以下3种类型：

（1）调剖井点在原基础井网注水井排或点状注水井附近。

（2）调剖井位于特高含水率井区。

（3）层间矛盾较大，注入水沿高渗透层突进。

3. 分层注入方式

采取分层注聚合物方式，可以减少聚合物驱的层间矛盾，增加低渗透层段的注入量，提高聚合物的利用率和周围油井的开采效果。因此，在注聚合物过程中应继续加大分层注聚合物的推广应用力度。

根据分层注入实践经验和数值模拟研究结果，适合分层注入工艺的注入井的条件如下：

（1）主要油层段间的渗透率级差不小于3。

（2）低渗透层段的厚度占总厚度的30%以上。

（3）隔层厚度不小于1m且分布较稳定。

四、油水井配产配注

在工业化推广应用中，由于油水分布在平面及纵向上的差异，加上其他因素的影响，造成了注聚合物过程中的"三大矛盾"。因此，在方案设计中，恰当的油、水井配产配注可以相对地提高原油采收率。

1. 配产配注考虑的因素

1）沉积特点

油层的产液、吸水能力主要取决于油层的沉积特点，油层的非均质性越强，井点间的产液、吸水能力差别越大，因此油层的沉积特点是聚合物驱配产配注应考虑的主要因素。具体应该包括储层沉积微相、沉积厚度、渗透率、孔隙度和连通性等。

2）微构造特征

对微构造研究的经验表明：油层中微构造对油层的开采效果有一定的影响，如果注入井处于构造低点，处于构造高点的采出井如果油层条件差，往往见效慢，但含水率较低，这样的注入井应该采取低浓度、大注入量。如果油井在低点，水井在高点，则为了控制含水率，应对注入井在注入压力允许的条件下采取高浓度、低注入量。

3）注采完善程度

注采完善程度包括油层连通状况的完善和井点注采方向的完善。完善程度越高，则注入井的注入压力越低，油井的产液能力越旺盛。

4）动态生产特点

如果老井网动用好，剩余油少，新井投产后，注入压力较低，油井的含水率相对较高，配注时注入液的注入量及浓度要大；相反，动用差的井区，注入液的注入量及浓度要小。

在考虑油层发育厚度、油层渗透率、油层孔隙度、油水井连通状况等影响油层产液、吸水能力的各项因素的基础上，结合大庆油田1996年以来投入开发区块中存在的问题及总结的经验，大庆油田采用"以注定采"，尽可能保持注聚合物过程中的均衡开采。

2. 配产配注的计算方法

配注计算采取单井有效厚度法、单井碾平厚度法、孔隙体积计算法和动态经验法4种方法。以孔隙体积计算法为主，单井有效厚度法及碾平厚度法作为参考，动态经验法作为修正最后配注量的依据。

孔隙体积计算法如下：

（1）计算注入井组孔隙体积 V：

$$V= 井组面积 \times （0.263 \times 厚层厚度 +0.243 \times 薄层厚度） \qquad （1-10）$$

（2）计算注入井的单井配注量：

$$q = \frac{VC}{365} \qquad （1-11）$$

式中 q——单井配注量，m^3；

　　V——以水井为中心的井组孔隙体积，m^3；

　　C——注入速度，PV/a。

配产也采用了 4 种方法：按注采比为 1 配产法、按水井地层系数劈分法、按油井地层系数劈分法和动态经验法。

在配产方法中主要应用了按油井地层系数劈分法，参数为油井与水井连通的有效厚度与相对应渗透率的乘积，反映了连通厚度情况及油层的渗透性，即允许注入液通过油层的能力大小，因此按地层系数劈分相对合理。

（3）计算油井产液量：

$$Q = \sum Q_i(1.31 - 0.31f) \tag{1-12}$$

式中 Q——油井产液量，m^3；

　　f——注聚合物前全区含水率，%；

　　Q_i——与水井连通的油井劈分水量，m^3。

$$Q_i = q \times D_i / \sum D \tag{1-13}$$

式中 q——水井配注量，m^3；

　　D_i——连通油井的连通油层地层系数，$mD \cdot m$；

　　D——连通油井的连通油层地层系数总和，$mD \cdot m$。

$$D_i = \sum H_i \times K_i \tag{1-14}$$

式中 H_i——连通油井的连通油层有效厚度，m；

　　K_i——与连通有效厚度相对应的渗透率，D。

经换算后产液量公式如下：

$$Q = 0.9699 \sum Q_i \tag{1-15}$$

五、聚合物驱效果预测方法

通过大庆油田聚合物驱配套技术不断的探索和实践，认为可以用数值模拟预测方法、模式图预测方法以及动态分析法 3 种方法来进行聚合物驱效果预测，目前，最常用的是数值模拟预测方法，也可以综合使用以上 3 种方法。

1. 数值模拟预测方法

油藏数值模拟技术是油藏研究的重要方法之一，它是聚合物驱方案设计中开采指标拟合和预测的主要手段。数值模拟开采指标预测主要分为以下几个步骤：

（1）建立数值模拟模型。

为了比较准确地模拟和预测区块聚合物驱的动态及聚合物驱开采效果，在进行数值模拟计算时，首先按照该区块的实际油、水井数，井网，区块实际面积和储量及区块内油、水井的分布状况，建立了油藏地质模型。模型纵向上按沉积时间单元分不同模拟层，在平面上按每个井点上的油层物性参数建立井间关系，进行聚合物驱区块孔隙体积、地质储量以及从投产开始至编制方案时期的含水率、累计产油量、采出程度等的初步拟合。

（2）水驱开发效果预测。

根据数值模拟拟合结果，进行区块水驱效果预测，给出在注入孔隙体积倍数达到一定值、全区综合含水率达到98%时的阶段采出程度，预计最终累计产油量和全区最终采收率。

（3）聚合物驱开发效果预测。

在进行聚合物驱预测时，给出在聚合物驱全区综合含水率达到最低值时的注入孔隙体积倍数、含水率下降最低点。当注入孔隙体积倍数达到一定值时，全区注完聚合物溶液，开始转入后续水驱。预测全区综合含水率达到98%时的聚合物驱阶段采出程度、累计产油量、全区最终采收率以及聚合物驱与水驱效果相比较的采收率提高值、累计增油量、吨聚合物增油量等指标。

2. 模式图预测方法

模式图预测方法的主要原理是根据聚合物驱工业性试验和工业化生产的实践经验，结合数值模拟计算分析，分析聚合物驱主要开采指标的变化规律，确定聚合物驱主要开采指标的变化范围，建立聚合物驱开采指标预测模式图，并结合各个工业化区块的油藏地质特点和聚合物驱的动态反映特点，对已建立的聚合物驱开采指标预测模式图进行修正，使之和工业化聚合物驱区块的动态变化规律一致。

1）依据聚合物驱工业性试验的结果建立聚合物驱开采指标预测模式图

通过分析两个聚合物驱工业性试验中心井的综合含水率、采液量、采油量和增油量的变化规律，结合数值模拟计算分析，确定聚合物驱主要开采指标的变化范围，以此为依据建立聚合物驱开采指标预测模式图。

2）依据聚合物驱工业化区块的动态反映特点修正聚合物驱开采指标预测模式图

分析工业化区块的聚合物驱效果和动态反映特点发现，依据工业性试验效果和动态反映特点建立的聚合物驱开采指标预测模式图与工业化区块的实际效果和动态反映存在一定差异，如见效时间、综合含水率及下降幅度等与预测模式图不一致，造成规划预测指标的精度不高。

针对存在的问题，在分析各个工业化区块聚合物驱实际效果和动态反映特点的基础上，根据各个工业化区块聚合物驱的实际资料，分别修正和建立各个区块的聚合物驱开采指标预测模式图。聚合物驱提高采收率值按12~13个百分点计算，区块初始含水率和注入速度与各个区块的实际情况一致，其他参数依据各个区块的聚合物驱开发方案和实际效果来确定。

此外，聚合物驱的开发指标预测方法还包括动态分析法。

综合动态分析法主要参照已有实际开发数据的聚合物驱相邻区块或试验区油井产液量、综合含水率等主要开采指标的变化规律，结合预测区块油层本身的地质特点和注聚合物时的开采状况，外推预测区块产液量和含水率，然后计算出产油量。

第二章　聚合物驱数值模拟技术

　　油藏数值模拟，就是用油藏的数学模型的动态来表示或者求解真实油藏动态的过程。数值模拟技术是进行油田开发方式方法可行性研究、方案优化设计和效果评价的有力工具[4]。油藏数值模拟技术已成为三次采油科研生产中非常重要的技术[5-6]，它是进行驱油机理研究、制订开发方案、预测油藏动态、分析地下剩油分布、进行开发方案调整及提高采收率研究必不可少的应用手段[7]。借助于三次采油数值模拟研究结果，能够有效地减少三次采油的风险，提高经济效益。

　　大庆油田根据国内外聚合物驱理论研究成果，尤其是大庆油田近年来所取得的新的理论认识，研制了聚合物驱油藏数值模拟器。该模拟器是一个能够满足油田实际需要的模拟机理完善的聚合物驱数值模拟软件，具有单一分子量聚合物驱、多种分子量聚合物分质分注和聚合物弹性提高微观驱油效率等模拟功能。利用所研制的模拟器可以进行聚合物驱开发的机理研究、方案优选和开发效果预测，为制订聚合物驱开发方案和跟踪调整方案提供科学的理论依据。

第一节　聚合物驱数值模拟技术概述

一、国内外发展现状及未来发展趋势

1. 国内外发展现状

　　油藏数值模拟方法在聚合物驱科研生产中具有重要的作用，它可以进行聚合物驱机理研究、方案优化设计、开发效果预测、剩余油分析和效果评价，为聚合物驱开发提供重要的技术支撑。

　　目前，国际商业化程度比较高的油藏数值模拟器有 Landmark 公司的 VIP、斯伦贝谢公司的 Eclipse、CMG 公司的 STARS、得克萨斯大学的 UTCHEM 和 Grand 公司的 GrandTM。在这些模拟器中，VIP、Eclipse 和 STARS 的商业化程度最高，是三维油气水三相模拟器，实现了功能模块化、数据流程一体化、前后处理可视化、大规模精细油藏模拟的并行化、高速解法及加密/粗化网格等多项技术，但它们只适合模拟一次采油、水驱、气驱和热采过程，聚合物驱功能很简单，不具备三元复合驱模拟功能；UTCHEM 和 GrandTM 对化学驱机理和物化现象描述相对比较完善，适合于模拟化学驱过程，但这两个模拟器都是油水两相刚性模型，油藏描述也不能模拟断层和尖灭区，而且一体化技术不是很完善。

　　需要说明的是，国外现有这些数值模拟器对化学驱机理的描述都是基于美国 20 世纪 80 年代的技术发展水平，后来由于美国化学驱技术发展的停滞不前，三次采油数值模拟模型也随之发展缓慢，除了前后处理、网格和一体化技术得到了较好的发展，对化学驱机理数学描述部分几乎没有任何进展。因此，国外商业化模拟器已经不能满足大庆油田不断

发展的化学驱技术的需要。

在碱驱机理和多元表面活性剂—碱模型研究方面，UTCHEM 和 GrandTM 描述了碱与原油中有机酸反应生成表面活性剂，但没有描述碱引起的结垢沉淀对油层物性产生的影响；所有的商业化模拟器只能模拟一种表面活性剂和碱驱油过程，不具备多元表面活性剂和碱驱油模拟功能。

在角点网格技术方面，水驱数学模型通过采用角点网格技术很好地描述油藏构造形态（如边界、断层、裂缝、尖灭等）和流体的流动状态（尤其是在复杂边界的情况下），同时解决了笛卡儿直角网格在某些条件下存在较严重的网格取向效应。而化学驱数学模型还是采用块中心网格，在比较粗的网格剖分下，不能准确描述构造复杂和形状不规则油藏；要实现比较准确描述油藏构造形态，必须要把网格尺寸加密到非常小的程度，但这样会导致模拟节点数成倍增长，加大了计算量。

在并行计算方面，水驱数学模型采用并行计算技术，实现了油藏面积大、层数多情况下精细数值模拟研究的需要；而化学驱数学模型还是采用串行计算方法，在大规模节点计算情况下，计算速度慢、耗时长、效率低。

综上所述，国际商业化模拟器在化学驱机理描述方面与大庆油田化学驱技术发展的需要还存在很大的差距，化学驱数学模型在网格技术和并行化计算方面与水驱数学模型相比，还处于非常落后的局面。

2. 未来发展趋势

近年来，油藏数值模拟技术在油藏数值模拟类型、模型网格与网格粗化处理、模型大小、运行工作平台、历史拟合等方面都得到不断的完善。

1）模拟类型

油藏数值模拟中研究的问题大部分为常规的开采过程，所用模型以黑油模型为主，组分模型的使用有增加的趋势。在混相开采的模拟中，尤其是在实验室研究阶段，也使用组分模型，当使用组分模型时，流体的变化由状态方程描述。注蒸汽的开采过程模拟也较为普遍，但研究地层中燃烧的模拟少见，因为这种开采方式本来就少见，且难以模拟和费用高。大多数油藏数值模拟向全油田的方向发展，水平井模拟的研究也有较大的发展。

2）模型网格与网格粗化处理

目前，部分油藏数值模拟软件可根据油藏的规模由用户确定网格大小，结合用户的部分设置要求，自动产生油藏数值模拟网格系统。油藏数值模拟研究中采用正交或近似正交的网格较普遍。局部网格加密仍然是当今油藏数值模拟网格设置中的主要网格处理技术。混合网格也越来越多地被采用，因为它能处理复杂油藏边界，避免了使用笛卡儿局部网格加密和混合笛卡儿网格技术出现的网格过渡问题。在油藏数值模拟研究中，数值模型由成千上万的节点组成，模型网格中的有效渗透率是从相应数据平均得出的。在运行全油田模型之前，对模型中的一部分进行精细研究，确定全油田模型与精细模型结果一致的拟相对渗透率曲线，以确保全油田模拟研究结果的准确性。使用拟函数的方法可以减少模型的网格数，有效提高模型的运算速度。

3）模型大小

10×10^4 节点以上的全油田模型已很常见，组分模型的节点数已达（3~5）$\times 10^4$，含有水平井的模型已有几万节点，典型井的水平锥模型也有上千节点。

4）运行工作平台

大部分油藏数值模拟器是在 UNIX 工作站或服务器上运行。此外在计算机和巨型计算机上运行的情况也很常见。并行机和并行计算并不多见，但从目前的发展预测，并行计算将有较快的发展。

5）历史拟合

在目前的油藏数值模拟研究中，历史拟合仍以人工为主，有关历史拟合方面的软件只是辅助性地提供历史拟合结果的分析和显示功能。在某些软件中，历史拟合可对一些模型参数进行自动修改，如自动进行局部渗透率修改倍数的优化。完全自动的历史拟合目前还未实现，这也是今后的发展方向。

综上，为了节省开支，提高经济效益，开发和应用速度快、功能完善、使用方便、精度高、自动化程度高的软件和硬件永远是该领域追求的目标。预测今后油藏数值模拟技术将会朝如下方向发展：

（1）从传统分类的单一模型向一体化的统一模型发展；

（2）变传统的单一流程到集成协同化流程；

（3）由粗化的几何形态动态逼近更真实的地质实体；

（4）从传统单机到大型并行化计算；

（5）由油藏常规模拟向大型、精细模拟发展；

（6）由描述单一尺度、单一物理变化向多尺度、多物理现象发展；

（7）从简单的定制算法到高效、自适应数值计算方法。

二、大庆油田化学驱数值模拟技术

由于引进的软件满足不了油田实际需要，自"七五"开始至今，大庆油田在引进的基础上，开发完成了具有自主知识产权的聚合物驱油藏数值模拟软件，取得的成果如下：

建立了描述聚合物、阴离子和阳离子等化学物质组分在多孔介质中运移的对流扩散组分浓度方程，同时建立了描述聚合物驱油过程的驱油机理数学模型。建立的化学物质组分浓度方程为对流扩散方程，能够描述聚合物、阴离子和阳离子在多孔介质中渗流时所发生的对流、弥散和扩散现象。

建立了化学物质组分对流扩散浓度方程的求解方法，采用的求解方法与原来 VIP 模型的复杂油藏描述功能兼容，能够正确描述和模拟油藏尖灭、断层等复杂油藏情况以及油气水三相渗流过程。

实现了化学驱角点网格模拟计算，提高了油藏描述准确性，为水驱化学驱一体化奠定基础。实现化学驱数值模拟并行计算，提高了速度和模拟节点规模。

所研制的聚合物驱油藏数值模拟软件模拟功能完善，对物理化学现象和驱油机理描述全面，满足了大庆油田聚合物驱实际需要。

针对化学驱数值模拟手工处理数据分析结果效率低的问题，研制了前后处理软件和运行平台，用来自动生成数值模拟所需要的相关数据文件，并对模拟结果进行分析评价与可视化展示，并实现模拟计算与前后处理功能一体化集成运行。借助强大前后处理功能，模拟前实验和动静态数据准备实现了标准流程自动加载，模拟过程做到了实时可视化监控，模拟结果可通过开发曲线、二维、三维及流场等多种方式进行全方位可视化时空展示，能够更加清晰有效地从纵深层面直观地认识化学驱油藏变化过程及开发规律。

第二节　聚合物驱数学模型

一、基本数学模型

应用 Darcy 定律给出以第 i 种物质组分总浓度 $\tilde{C}_i$ 形式表达的第 i 种物质组分的物质守恒方程：

$$\frac{\partial}{\partial t}(\phi \tilde{C}_i \rho_i) + \text{div}\left[\sum_{l=1}^{n_p} \rho_k (C_{il} u_l - \tilde{D}_{il})\right] = Q_i \qquad (2-1)$$

式中　C_{il}——第 l 相中第 i 种物质组分的浓度；

ϕ——孔隙度；

Q_i——源汇项；

n_p——相数；

l——第 l 相；

$\tilde{C}_i$——第 i 种物质组分的总浓度；

ρ_k——k 相的密度；

ρ_i——组分 i 的密度；

u_l——相流量；

$\tilde{D}_{il}$——弥散流量。

$\tilde{C}_i$ 表示为第 i 种物质组分在所有相（包括吸附相）中的浓度之和：

$$\tilde{C}_i = \left(1 - \sum_{k=1}^{n_{cv}} \hat{C}_k\right) \sum_{l=1}^{n_p} S_l C_{il} + \hat{C}_i \qquad i = 1, \cdots, n_c \qquad (2-2)$$

式中　n_{cv}——占有体积的物质组分总数；

S_l——l 相的饱和度；

n_c——液相中组分总数；

$\hat{C}_i$——组分 i 的吸附浓度；

$\hat{C}_k$——组分 k 的吸附浓度。

组分 i 的密度 ρ_i 是压力的函数：

$$\rho_i = \rho_i^0 [1 + C_i^0 (p - p_r)] \qquad (2-3)$$

式中　ρ_i^0——参考压力下组分 i 的密度；

p——压力；

p_r——参考压力；

C_i^0——组分 i 的压缩系数。

孔隙度 ϕ 与压力的函数关系[8] 如下：

$$\phi = \phi_0 [1 + C_r (p - p_r)] \qquad (2-4)$$

式中　ϕ——参考压力下的孔隙度；

C_r——岩石的压缩系数。

相流量 u_l 满足 Darcy 定律，即：

$$\mu_l = -\frac{K_{rl}\boldsymbol{K}}{\mu_l} \cdot (\mathrm{grad}p_l - \boldsymbol{\gamma}_l \cdot \mathrm{grad}h) \tag{2-5}$$

式中 p_l——相压力；

     $\boldsymbol{K}$——渗透率张量；

     h——油藏深度；

     K_{rl}——相对渗透率；

     μ_l——相黏度；

     γ_l——相密度。

弥散流量 $\widetilde{\boldsymbol{D}}_{il}$ 具有下面的 Fick 形式：

$$\widetilde{\boldsymbol{D}}_{il} = \phi S_l \begin{pmatrix} F_{xx,il} & F_{xy,il} & F_{xz,il} \\ F_{yx,il} & F_{yy,il} & F_{yz,il} \\ F_{zx,il} & F_{zy,il} & F_{zz,il} \end{pmatrix} \cdot \begin{pmatrix} \dfrac{\partial C_{il}}{\partial x} \\ \dfrac{\partial C_{il}}{\partial y} \\ \dfrac{\partial C_{il}}{\partial z} \end{pmatrix} \tag{2-6}$$

包含分子扩散 D_{kl} 的弥散张量 $\boldsymbol{F}_{il}$ 表达形式如下：

$$\boldsymbol{F}_{mn,il} = \frac{D_{il}}{\tau}\delta_{mn} + \frac{\alpha_{Tl}}{\Phi S_l}|\boldsymbol{u}_l|\delta_{mn} + \frac{(\alpha_{Ll} - \alpha_{Tl})}{\Phi S_l}\frac{u_{lm}u_{ln}}{|\boldsymbol{u}_l|} \tag{2-7}$$

$$|\boldsymbol{u}_l| = \sqrt{(u_{xl})^2 + (u_{yl})^2 + (u_{zl})^2} \tag{2-8}$$

式中 α_{Ll}，α_{Tl}——分别为第 l 相的纵向和横向弥散系数；

     τ——迂曲度；

     u_{lm}，u_{ln}——分别为第 l 相空间方向流量；

     δ_{mn}——Kronecher Delta 函数；

     $|\boldsymbol{u}_l|$——每相向量流量积。

二、聚合物黏性驱油机理数学描述

聚合物溶液的高黏度能够改善油水相间的流度比，抑制注入液的突进，达到扩大波及体积、提高采收率的目的 [9]。模型对聚合物的驱油机理分别从聚合物溶液黏度、聚合物溶液流变特征、渗透率下降系数和残余阻力系数、不可及孔隙体积等方面进行描述。

1. 聚合物溶液黏度

在参考剪切速率下，聚合物溶液的黏度 μ_p^0 是聚合物浓度和含盐量的函数 [10]，表示如下：

$$\mu_p^0 = \mu_w [1 + (A_{p1}C_p + A_{p2}C_p^2 + A_{p3}C_p^3)C_{SEP}^{S_p}] \tag{2-9}$$

式中 μ_w——水的黏度；

     C_p——溶液中聚合物的浓度；

     A_{p1}，A_{p2}，A_{p3}——分别为由实验资料确定的常数；

C_{SEP}^S——含盐浓度指数项。

2. 聚合物溶液流变特征

一般来说，高分子聚合物溶液都具有某种流变特征[11]，即认为其黏度依赖于剪切速率，利用 Meter 方程表达这种依赖关系，聚合物溶液的黏度 μ_p 与剪切速率的函数关系如下：

$$\mu_p = \mu_w + \frac{\mu_p^0 - \mu_w}{1 + (\gamma/\gamma_{ref})^{p_\alpha - 1}} \qquad (2-10)$$

式中　μ_w——水的黏度；

　　　γ_{ref}——参考剪切速率；

　　　p_α——经验系数；

　　　μ_p^0——聚合物溶液在多孔介质中流动的视黏度；

　　　γ——多孔介质中流体的等效剪切速率。

多孔介质中水相的等效剪切速率 γ 利用 Blake-Kozeny 方程表示：

$$\gamma = \frac{\gamma_c |u_w|}{\sqrt{\bar{K} K_{rw} \phi S_w}} \qquad (2-11)$$

$$\bar{K} = \left[\frac{1}{K_x}\left(\frac{u_{xw}}{u_w}\right)^2 + \frac{1}{K_y}\left(\frac{u_{yw}}{u_w}\right)^2 + \frac{1}{K_z}\left(\frac{u_{zw}}{u_w}\right)^2 \right]^{-1} \qquad (2-12)$$

式中　u_w——水相空间流速；

　　　S_w——水相饱和度；

　　　γ_c——3.97 × 剪切速率系数，剪切速率系数与非理想影响（如孔隙介质中毛细管壁的滑移现象）有关；

　　　ϕ——孔隙度；

　　　K_{rw}——水相相对渗透率；

　　　$\bar{K}$——平均渗透率；

　　　u_w——水相流速；

　　　u_{xw}，u_{yw}，u_{zw}——分别为水相的 x、y 和 z 方向的流速；

　　　K_x，K_y，K_z——分别为油层 x、y 和 z 方向的渗透率。

3. 渗透率下降系数和残余阻力系数

聚合物溶液在多孔介质中渗流时，由于聚合物在岩石表面的吸附，必引起流度下降和流动阻力增加。利用渗透率下降系数 R_k 描述这一现象：

$$R_k = 1 + \frac{(R_{KMAX} - 1)/b_{rk} C_p}{1 + b_{rk} C_p} \qquad (2-13)$$

$$R_{KMAX} = \left\{ 1 - \left[c_{rk} \tilde{\mu}^{\frac{1}{3}} \Big/ \left(\frac{\sqrt{K_x K_y}}{\phi} \right)^{\frac{1}{2}} \right] \right\}^{-4} \qquad (2-14)$$

$$\tilde{\mu} = \lim_{C_p \to 0} \frac{\mu_o - \mu_w}{\mu_w C_p} = A_{p1} C_{SEP}^{s_p} \qquad (2-15)$$

式中 $\tilde{\mu}$——聚合物溶液本征黏度；

μ_o——油相黏度；

μ_w——水相黏度；

C_p——溶液中聚合物的浓度；

K_x，K_y——分别为油层 x 和 y 方向的渗透率；

ϕ——孔隙度；

A_{p1}——由实验资料确定的常数；

C_{SEP}^{Sp}——含盐浓度指数项；

b_{rk}，c_{rk}——均为由实验确定的经验参数。

4. 不可及孔隙体积

实验发现，流经孔隙介质时聚合物溶液中的示踪剂流动得快，可解释为聚合物能够流经的孔隙体积小，这是由聚合物的高分子结构决定的[12]。聚合物不能进入的这部分孔隙体积称为不可及孔隙体积，在模型中表示如下：

$$IPV = \frac{\phi - \phi_p}{\phi}$$ （2-16）

式中 IPV——聚合物溶液的不可及孔隙体积分数；

ϕ——盐水测的孔隙度；

ϕ_p——聚合物溶液测的孔隙度。

5. 聚合物吸附

利用 Langmuir 模型模拟聚合物的吸附[13]：

$$\hat{C}_p = \frac{aC_p}{1 + bC_p}$$ （2-17）

式中 $\hat{C}_p$——聚合物的吸附浓度；

C_p——溶液中聚合物的浓度；

a，b——分别为常数。

三、聚合物弹性驱油机理数学模型

关于聚合物驱溶液的驱油机理，传统的观点认为主要有以下两个方面：驱替液中由于聚合物的引入致使黏度增加，从而改善了油水流度比，具有很好的稳油控水作用；与此同时，由于聚合物的高分子结构特点，聚合物在多孔介质中会发生滞留，再加上聚合物溶液的高黏度特点，聚合物溶液能够扩大驱替液的波及体积。近年来，国内外一些学者提出聚合物溶液能够提高微观驱油效率的观点，并通过微观驱油实验观察到了这种现象，同时在机理方面也进行了细致的分析。

以前的聚合物驱数值模拟模型只是从黏度和吸附滞留方面描述聚合物溶液的驱油过程，不具备聚合物黏弹性提高微观驱油效率模拟功能。从实验和生产的角度，迫切需要研制出具有模拟功能齐全的聚合物驱数学模型，以使数值模拟技术不断满足聚合物驱科研和生产的需要，为油田科学地开展实验和生产提供正确的理论指导，提高油田开发经济效益。根据近年来对聚合物溶液弹性驱油理论研究取得的新认识，建立了聚合物弹性提高微观驱油效率机理数学模型。

1. 聚合物溶液的黏弹性效应

黏弹性是指物质对施加外力的响应表现为黏性和弹性的双重特性，材料在外力作用下会产生相应的响应——应变。理想的弹性固体服从胡克定律：应力与应变成正比，比例常数为模量；应力恒定时，应变是一个常数，撤掉外力后，应变立即恢复到0。而理想的黏性液体服从牛顿定律：应力与应变速率成正比，比例常数为黏度；在恒定的外力作用下，应变的数值随时间延续而线性增加，撤掉外力后，应变不再恢复，即产生永久变形。实际材料随刺激速度及响应时间表现出介于理想固体和理想液体之间的力学性质，即黏弹性。

聚合物的力学行为有很强的时间依赖性，如聚合物溶液的 Weisenberg 爬杆现象、挤出胀大现象和无管虹吸现象等，这些现象都是由于聚合物溶液具有黏弹性造成的。黏弹性流体与黏性流体的特性及区别在许多著作中已有论述，此处不再赘述，只重点介绍3个主要区别：（1）黏弹性流体可以"拉动"其后面的流体；黏性流体只能"推"，不能拉。（2）去掉外力后，弹性体可以全部恢复形状，黏弹性流体可以部分恢复，黏性流体不能恢复。（3）在外力作用下，流体会产生与外力方向相同的变形（或位移）；弹性体和黏弹性流体除产生上述与外力同方向的变形（或位移）以外，还会产生一个与外力方向相垂直的力，即法向力，使黏弹性流体各方向上的应力不相等，产生法向应力差。拉伸时，与拉伸方向（主应力）相垂直的应力小于主应力。流体运动时的流体方向就相当于拉伸方向。根据水力学的原理，黏性流体各方向上的应力相等，因此不会产生法向应力差。与普通的牛顿流体的层间黏性切应力相比，黏弹性流体则会表现出不同的力学行为。在流动过程中，黏弹性流体会由于微观结构的原因表现为各向异性，产生非等值的法向应力分量（法向应力差非零）。法向应力差会引起 Weisenber 爬杆效应及无管虹吸现象等。

2. 聚合物溶液黏弹性驱油机理认识程度

聚合物溶液可改善油水流度比，扩大波及体积。除此以外，聚合物溶液具有弹性性质，国内外大量研究表明，聚合物溶液弹性能够降低水驱残余油饱和度，提高微观驱油效率。

1）间接研究（相对渗透率曲线测量）

相关研究人员在测定聚合物驱油水相对渗透率曲线过程中，发现聚合物驱过程中，油相相对渗透率提高，残余油饱和度降低至水驱残余油饱和度以下。

2）直接研究聚合物溶液弹性驱油机理

（1）大庆油田（以王德民院士为主）。

聚合物溶液弹性能够提高微观驱油效率，聚合物分子量和浓度越高，弹性越大，微观驱油效率越高[14]。

原因解释：聚合物溶液是一种黏弹性流体，流动过程具有射流胀大作用，在孔道中的流速剖面更加均匀，增加了作用于残余油突出部位的微观驱动力，提高了微观驱油效率。

（2）美国得克萨斯大学。

如果水驱已经达到残余油状态，聚合物驱不降低残余油饱和度；如果利用聚合物直接进行二次采油，聚合物驱残余油饱和度可以降低至水驱残余油饱和度以下[15]。

原因解释：在水驱过程中，达到残余油饱和度前，原油（非润湿相）以绳索状或柱状形式流过一系列连通孔隙，孔壁上有水环。随着含水饱和度升高，连续油柱的横截面积减小，连续油柱破碎成油滴或残余油滴，然后这些残余油滴被捕集在孔喉处。出现油柱"突变"成残余油滴主要是因为水／油界面的任何微小变形都往往会加速界面能量降低。当具有弹性的聚合物溶液围绕着油柱时，聚合物溶液的黏弹性阻止了因为水／油界面张力造成的油柱破碎成残余油滴（图2-1）。

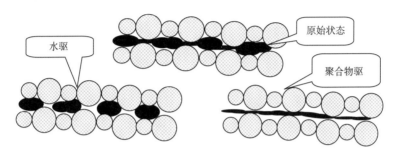

图2-1 得克萨斯大学对聚合物弹性微观驱油机理解释示意图

3. 聚合物弹性提高微观驱油效率模型建立

实验室关于聚合物弹性提高微观驱油效率实验结果表明，残余油饱和度是弹性和毛细管数的函数，当聚合物弹性一定时，随着毛细管数的增加，残余油饱和度降低；在同一毛细管数条件下，聚合物溶液的弹性越大，残余油饱和度越低[16]（图2-2）。图2-2中 N_{p1} 表示聚合物溶液的第一法向应力差。

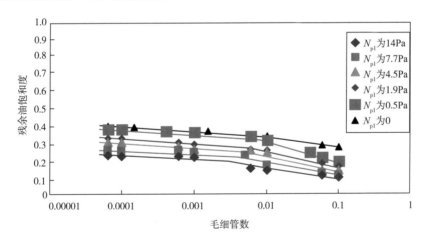

图2-2 聚合物溶液毛细管驱油曲线

1）第一法向应力差

聚合物溶液的弹性大小与聚合物的分子量和浓度有关[17]，分子量和浓度越大，弹性越大。利用第一法向应力差表征聚合物溶液的弹性大小，第一法向应力差 N_{p1} 是聚合物浓度 C_p 和分子量 M_r 的函数，利用下面的二次多项式［式（2-18）］表达第一法向应力差与聚合物浓度和分子量的关系：

$$N_{p1} = C_{n1}(M_r) \cdot C_p + C_{n2}(M_r) \cdot C_p^2 \tag{2-18}$$

式中　$C_{n1}（M_r）$，$C_{n2}（M_r）$——分别为与聚合物分子量 M_r 有关的参数。

　　实验室实测了不同浓度聚合物溶液的第一法向应力差，然后利用式（2-18）对实测点进行拟合，当参数 $C_{n1}（M_r）$ =2.1、$C_{n2}（M_r）$ =210 时，拟合与实测对比结果如图 2-3 所示，从对比结果可以看出，实测结果与拟合结果非常吻合，表明利用式（2-18）能够准确地描述第一法向应力差与聚合物浓度的对应关系。

　　2）毛细管数

　　毛细管数是界面张力的函数，定义如下：

$$N_{c,l} = \frac{|\boldsymbol{K} \cdot \mathrm{grad}\Phi_{l'}|}{\sigma_{ll'}} \tag{2-19}$$

式中　$N_{c,l}$——毛细管数；

　　　　$\boldsymbol{K}$——油藏渗透率张量；

　　　　$\sigma_{ll'}$——被驱替相和驱替相之间的界面张力；

　　　　$\Phi_{l'}$——驱替相的势函数；

　　　　l——w 或 o，分别代表水相和油相。

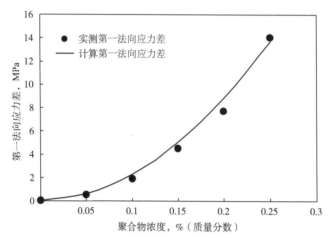

图 2-3　第一法向应力差实测与模拟对比结果

　　3）相残余饱和度

　　油相残余油饱和度 S_{or} 是第一法向应力差 N_{p1} 和毛细管数 N_{co} 的函数：

$$S_{or} = S_{or}^{h} + \frac{S_{or}^{w} - S_{or}^{h}}{1 + T_1 N_{p1} + T_2 N_{co}} \tag{2-20}$$

式中　S_{or}^{h}——高弹性和高毛细管数理想情况下聚合物驱后残余油饱和度的极限值；

　　　　S_{or}^{w}——水驱后的残余油饱和度；

　　　　T_1，T_2——分别为由实验资料确定的参数。

　　实验室实测了不同第一法向应力差下的残余油饱和度，然后利用式（2-20）对实测点进行拟合，当参数 T_1=0.11 时，拟合与实测对比结果如图 2-4 所示，从对比结果可见，实测结果与拟合结果非常吻合，表明利用式（2-20）能够准确描述残余油饱和度与第一法向应力差的对应关系。

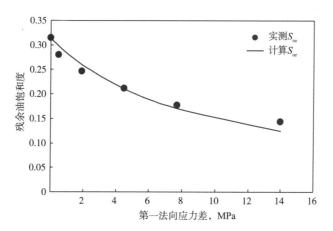

图 2-4 残余油饱和度实测与模拟对比结果

水相残余饱和度 S_{wr} 是毛细管数 N_{cw} 的函数：

$$S_{wr} = S_{wr}^h + \frac{S_{wr}^w - S_{wr}^h}{1 + T_w N_{cw}} \qquad (2-21)$$

式中　S_{wr}^h——高毛细管数理想情况下聚合物驱后束缚水饱和度的极限值；

　　　S_{wr}^w——水驱后的束缚水饱和度；

　　　T_w——由实验资料确定的参数。

4）相对渗透率曲线

通常来说，油藏数值模拟模型有两种相对渗透率曲线表达方法：一种是以表格的形式给出相对渗透率曲线，给出不同相饱和度下相的相对渗透率；另一种是以公式的形式给出相对渗透率曲线，公式形式需要给出相残余饱和度以及相对渗透率曲线的端点值和指数值。

相残余饱和度的变化必然会引起相对渗透率曲线发生改变，对不同的相对渗透率曲线表达方式，需要利用不同的模型描述由于相残余饱和度的改变引起的相对渗透率变化。

对于以表格形式给出的相对渗透率曲线，需要给出低聚合物弹性和低毛细管数水驱情况下的相对渗透率曲线，同时还要给出高聚合物弹性和高毛细管数聚合物驱情况下的相对渗透率曲线，然后利用这两套相对渗透率曲线插值计算由于相残余饱和度改变引起的相对渗透率变化，插值模型如下：

$$K_{ro} = K_{ro}^w + \left(K_{ro}^h - K_{ro}^w\right)\left(\frac{S_{or}^w - S_{or}}{S_{or}^w - S_{or}^h}\right) \qquad (2-22)$$

$$K_{rw} = K_{rw}^w + \left(K_{rw}^h - K_{rw}^w\right)\left(\frac{S_{wr}^w - S_{wr}}{S_{wr}^w - S_{wr}^h}\right) \qquad (2-23)$$

式中　S_{or}，S_{wr}——分别为聚合物驱过程中的残余油饱和度和束缚水饱和度；

　　　S_{or}^h，S_{wr}^h——分别为高弹性和高毛细管数理想情况下聚合物驱后残余油饱和度和束缚水饱和度的极限值；

S_{or}^w，S_{wr}^w——分别为水驱后的残余油饱和度和束缚水饱和度；

K_{ro}——聚合物驱过程中油相的相对渗透率；

K_{ro}^w，K_{rw}^w——分别为低聚合物弹性和低毛细管数条件下油相和水相的相对渗透率；

K_{ro}^h，K_{rw}^h——分别为高聚合物弹性和高毛细管数条件下油相和水相的相对渗透率。

四、多种分子量聚合物混合后的溶液特性实验研究

为了建立多种分子量聚合物溶液混合驱油机理数学模型，在实验室开展溶液中有多种分子量聚合物同时存在时溶液所表现出来的黏度变化特性研究。

1. 选用聚合物分子量及各项理化性能指标

选取低分子量、中分子量和高分子量 3 种聚合物，分子量分别约为 500×10^4、1500×10^4 和 3500×10^4，进行复配实验。表 2-1 中列出了实验研究所用聚合物的分子量以及对应的各项理化性能指标。

表 2-1　实验所用聚合物和相应理化性能指标

项　　目		低分子量聚合物（500×10^4）	中分子量聚合物（1500×10^4）	高分子量聚合物（3500×10^4）
特性黏数，dL/g		10.1	21.05	35.45
水解度，%（摩尔分数）		23.6	24.4	24.6
粒度，%	≥ 1.00mm	0	0	0
	≤ 0.20mm	0.1	0.2	0.5
黏度，mPa·s		26.0	45.3	78.9
固含量，%（质量分数）		91.1	90.5	90.6
筛网系数		11.7	23.1	73.6
残余单体，%（质量分数）		0.019	0.024	0.019
过滤因子		1.1	1.2	2.2
水不溶物，%（质量分数）		0.013	0.024	0.050
溶解时间，h		<2	<2	<2

2. 单一分子量聚合物黏度—浓度关系

对于选定的低分子量、中分子量和高分子量三种聚合物，在浓度为 200mg/L、400mg/L、600mg/L、800mg/L、1000mg/L 和 1200mg/L 条件下分别测定了 3 种分子量单一溶液的黏度，表 2-2 和图 2-5 给出了黏度—浓度关系测试结果。

表 2-2　标准盐水配制不同分子量聚合物的黏度—浓度关系

分子量	黏度，mPa·s					
	浓度为 200mg/L	浓度为 400mg/L	浓度为 600mg/L	浓度为 800mg/L	浓度为 1000mg/L	浓度为 1200mg/L
500×10^4	3.1	6.6	13.6	21.0	32.8	43.6
1500×10^4	5.3	13.4	23.9	38.1	53.3	73.6
3500×10^4	8.9	22.1	41.3	64.6	94.4	121.6

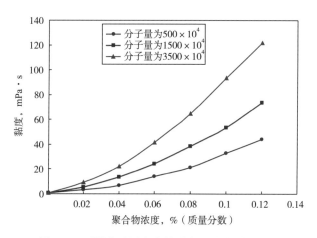

图 2-5 不同分子量聚合物黏度—浓度关系曲线

3. 不同分子量、不同聚合物浓度复配的黏度测定

选取分子量分别为 500×10^4、1500×10^4 和 3500×10^4 的聚合物，用标准盐水配制浓度为 5000mg/L 的母液，取其 3 种聚合物母液混合，复配至不同的溶液浓度，测定其复配后聚合物溶液黏度。

1）复配后聚合物溶液浓度为 600mg/L

在复配溶液的低浓度点，低分子量聚合物与中分子量聚合物复配后，其聚合物溶液的黏度呈线形上升趋势；中分子量聚合物与超高分子量聚合物复配后，其聚合物溶液的黏度虽有增加，但随着超高分子量聚合物溶液浓度的增加，复配体系的溶液黏度值增加很小或不再增加，说明复配体系的溶液黏度值主要取决于超高分子量聚合物的贡献；3 种聚合物溶液复配，在一定浓度范围内，复配体系的溶液黏度变化明显，从黏度值可以看出，低分子量聚合物对复配体系的溶液黏度值贡献不大。复配实验结果见表 2-3。

表 2-3 复配后聚合物溶液浓度为 600mg/L 实验结果

序号	浓度，mg/L			溶液黏度，mPa·s
	分子量为 500×10^4	分子量为 1500×10^4	分子量为 3500×10^4	
1	500	100	—	14.6
2	400	200	—	16.6
3	300	300	—	18.4
4	200	400	—	20.5
5	100	500	—	22.2
6	—	500	100	32.9
7	—	400	200	33.6
8	—	300	300	35.8
9	—	200	400	35.9
10	—	100	500	36.0
11	100	200	300	31.6
12	100	300	200	28.5

序号	浓度，mg/L			溶液黏度，mPa·s
	分子量为 500×10^4	分子量为 1500×10^4	分子量为 3500×10^4	
13	200	300	100	23.6
14	200	100	300	29.3
15	300	200	100	22.1
16	300	100	200	24.6

2）复配后聚合物溶液浓度为 900mg/L

低分子量聚合物与中分子量聚合物复配后，其聚合物溶液的黏度呈线形上升趋势，在低分子量聚合物溶液与中分子量聚合物溶液混合比例为 8∶1 时，复配体系的溶液黏度值基本体现为低分子聚合物溶液黏度值，当二者比例为 1∶8 时，基本体现为中分子量聚合物溶液黏度值；中分子量聚合物与超高分子量聚合物复配后，其聚合物溶液的黏度稳步上升；3 种聚合物溶液混合比例为 2∶3∶4 时，其复配体系的溶液黏度值变化范围不大，当低分子量聚合物溶液、中分子量聚合物溶液、超高分子量聚合物溶液比例为 3∶4∶2 和 4∶2∶3 时，以及三者比例为 2∶4∶3 和 3∶2∶4 时，复配体系的溶液黏度值接近，说明随着复配体系浓度的增加，适当调整三者的比例，对复配体系的溶液黏度影响是有效的。复配实验结果见表 2-4。

表 2-4　复配后聚合物溶液浓度为 900mg/L 实验结果

序号	浓度，mg/L			溶液黏度，mPa·s
	分子量为 500×10^4	分子量为 1500×10^4	分子量为 3500×10^4	
1	800	100	—	27.3
2	600	300	—	31.8
3	300	600	—	38.7
4	100	800	—	43.3
5	—	700	200	56.0
6	—	600	300	59.7
7	—	500	400	62.7
8	—	400	500	68.3
9	—	300	600	72.5
10	—	200	700	72.6
11	200	400	300	52.8
12	200	300	400	56.8
13	300	400	200	46.9
14	300	200	400	53.2
15	400	300	200	45.1
16	400	200	300	47.4

3）复配后聚合物溶液浓度为 1200mg/L

无论是低分子量聚合物与中分子量聚合物复配，还是中分子量聚合物与超高分子量聚合物复配，随着复配体系浓度的增加，复配体系的溶液黏度值都稳步上升；在三者复配比例为 1:2:3 时，复配体系溶液黏度值符合聚合物的黏度—浓度规律变化，在比例为 3:2:1 和 2:3:1 时，复配体系溶液黏度值变化不大；适当调整三者的比例，可以实现对复配体系黏度值一定范围内的调整。复配实验结果见表 2-5。

表 2-5　复配后聚合物溶液浓度为 1200mg/L 实验结果

序号	浓度，mg/L			溶液黏度，mPa·s
	分子量为 500×10^4	分子量为 1500×10^4	分子量为 3500×10^4	
1	900	300	—	49.7
2	800	400	—	51.8
3	600	600	—	58.3
4	400	800	—	62.8
5	300	900	—	66.5
6	—	1000	200	80.0
7	—	900	300	85.3
8	—	800	400	88.5
9	—	600	600	98.1
10	—	400	800	107.7
11	—	300	900	112.0
12	—	200	1000	116.3
13	200	600	400	88.5
14	200	400	600	99.2
15	400	600	200	68.3
16	400	200	600	100.3
17	600	400	200	67.2
18	600	200	400	77.9

五、多种分子量聚合物混合驱油机理数学模型建立

根据多种分子量聚合物溶液复配实验研究结果，建立多种分子量聚合物溶液混合驱油机理数学模型。模型的建立方法如下：油藏中有多种分子量聚合物溶液同时存在时，每一种分子量聚合物在油藏中流动满足各自独立的物质传输规律，包括对流、弥散、扩散、吸附和不可及孔隙体积，利用独立的组分浓度方程求解每一种聚合物在油藏中的运移过程；在驱油机理上表现为多种分子量聚合物溶液浓度加和的总浓度总体驱油过程，驱油机理数学模型包括聚合物溶液黏度模型、聚合物溶液流变性模型、渗透率下降系数

模型和弹性驱油机理模型，模型中的参数表示为各种分子量聚合物相应参数浓度加权平均的形式。

1. 多种分子量聚合物溶液混合总浓度

多种分子量聚合物（设有 n 种分子量聚合物）溶液混合后总浓度 C_{pt} 是每一种分子量聚合物溶液浓度 C_{pi} 的加和：

$$C_{pt} = \sum_{i=1}^{n} C_{pi} \tag{2-24}$$

2. 多种分子量聚合物溶液混合后驱油机理模型的参数

将多种分子量聚合物溶液混合后的总浓度代入单一分子量聚合物驱油机理数学模型，包括黏度模型、溶液流变性模型、渗透率下降系数模型、弹性驱油机理数学模型，可以得到多种分子量聚合物溶液混合驱油机理数学模型。其中，每个驱油机理模型中的参数表示为每种分子量聚合物相应参数的浓度加权平均的形式［式（2-25）］。

$$\alpha = \frac{\sum\limits_{i=1}^{n} C_{pi}\alpha_i}{\sum\limits_{i=1}^{n} C_{pi}} \tag{2-25}$$

式中　C_{pi}——每一种分子量聚合物溶液浓度；

　　　α——多种分子量聚合物溶液混合后驱油机理数学模型状态方程中的参数；

　　　α_i——第 i 种分子量聚合物溶液单独驱油时驱油机理数学模型状态方程中的参数。

以黏度模型为例：

在零剪切速率下单一分子量聚合物 pi 溶液黏度模型如下：

$$\mu_{pi}^{0} = \mu_{w}\left[1 + \left(A_{p1}^{pi}C_{pi} + A_{p2}^{pi}C_{pi}^{2} + A_{p3}^{pi}C_{pi}^{3}\right)C_{SEP}^{S_{pt}}\right] \tag{2-26}$$

多种聚合物溶液混合后的黏度模型表示如下：

$$\mu_{pt}^{0} = \mu_{w}\left[1 + \left(A_{p1}^{t}C_{pt} + A_{p2}^{t}C_{pt}^{2} + A_{p3}^{t}C_{pt}^{3}\right)C_{SEP}^{S_{pt}}\right] \tag{2-27}$$

式中　μ_{pi}^{0}——第 i 种聚合物在参考剪切速率下的聚合物溶液的黏度；

　　　μ_{w}——水的黏度；

　　　C_{pt}——多种聚合物溶液混合后在参考剪切速率下的总浓度；

　　　C_{pi}——第 i 种聚合物在参考剪切速率下的聚合物溶液的浓度；

　　　A_{p1}^{pi}，A_{p2}^{pi}，A_{p3}^{pi}——分别为由实验资料确定的常数；

　　　$C_{SEP}^{S_{pt}}$——含盐浓度指数项；

　　　A_{p1}^{t}，A_{p2}^{t}，A_{p3}^{t}，S_{pt}——分别代表多种聚合物溶液混合后的黏度模型系数。

3. 模型的实验验证

实验室实测了中分子量聚合物溶液、高分子量聚合物溶液、中高分子量聚合物比例为 6 : 4 的混合溶液、中高分子量聚合物比例为 2:8 混合溶液的黏度浓度关系曲线。利用所建立的多种分子量聚合物溶液混合驱油机理数学模型对上述几种聚合物溶液的黏度—浓度关系进行了模拟计算，将模拟计算结果与实测结果进行对比，对比结果如图 2-6 至图 2-9

所示。从对比结果可见，所建立的多种分子量聚合物溶液混合驱油机理数学模型能够准确地模拟多种分子量聚合物溶液混合驱油过程。

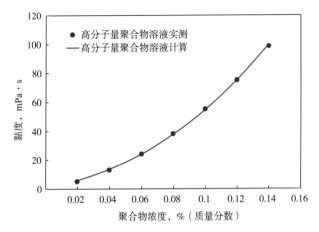

图 2-6 高分子量聚合物溶液黏度—浓度关系实测与模拟对比曲线

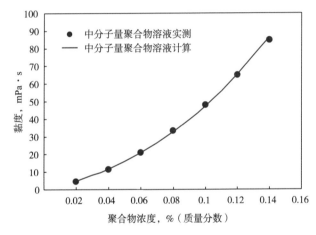

图 2-7 中分子量聚合物溶液黏度—浓度关系实测与模拟对比曲线

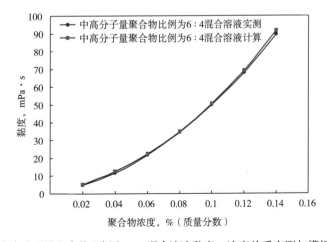

图 2-8 中高分子量聚合物比例为 6∶4 混合溶液黏度—浓度关系实测与模拟对比曲线

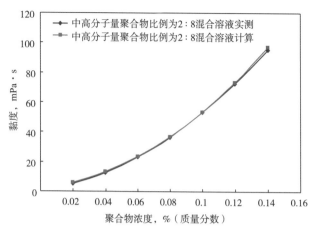

图 2-9　中高分子量聚合物比例为 2：8 混合溶液黏度—浓度关系实测与模拟对比曲线

第三节　聚合物驱数值模拟前后处理一体化技术

大庆油田开发研制了具有自主知识产权的化学驱数值模拟器。与国际同类商业化模拟器相比，大庆油田研制的新型化学驱数值模拟器在驱油机理方面处于国际领先水平。为了进一步促进自主软件的商业化进程，大庆油田研究院利用 5 年时间开发了化学驱数值模拟前后处理一体化集成运行平台。目前，该平台已在油田推广应用，极大地提高了数值模拟的工作效率和精度。

一、软件开发总体设计

化学驱数值模拟前后处理一体化集成平台的研制遵循实用性、模块化、易操作和美观性 4 个原则，其总体目标是搭建一个风格统一、操作一致、项目管理界面化、数据处理流程化、作业运行与调度自动化、前后处理软件交互化的一体化集成运行平台。为实现上述目标，分 5 个功能模块进行独立研制，主要包含数据前处理软件、后处理曲线显示软件、二三维场图形显示软件、数值模拟结果分析与评价软件以及数据管理与共享，最终将这些独立的功能模块进行集成，形成一体化集成平台。各模块功能设计如图 2-10 所示。

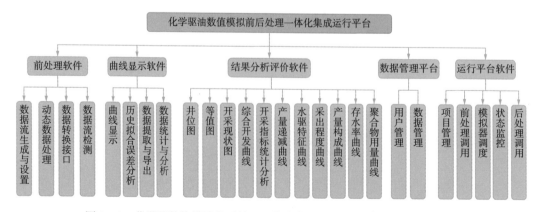

图 2-10　化学驱数值模拟前后处理一体化集成运行平台各模块功能设计图

二、化学驱油数值模拟前后处理一体化集成运行平台研制

1. 前后处理一体化集成运行平台

研制了化学驱数值模拟前后处理一体化集成平台，其主界面如图 2-11 所示，通过集成平台可实现对数据、软件、结果的管理。

图 2-11　化学驱数值模拟一体化平面主界面

2. 数值模拟作业的运行调度和监控

1）作业调度

数值模拟作业的运行调度可通过界面操作实现模拟作业的本地运行与远程调度运行，并将模拟运算结果以图形化方式实时反馈到客户端，客户端可根据模拟运算结果状态，实现对作业的终止。

图 2-12 显示了作业调度运行界面。

图 2-12　作业调度运行界面

2）作业监控

作业状态实时监控功能可将本地或远程运行的作业实时反馈到客户端界面上，实现了模拟运算结果的图形化显示，并可实现模拟观测数据与计算数据对比显示。

图2-13显示了作业监控实时曲线。

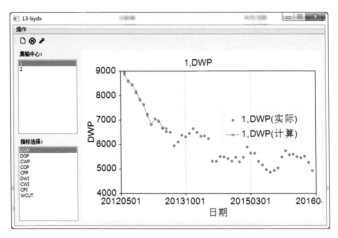

图2-13　实时曲线显示

三、化学驱数值模拟数据前处理软件

1. 前处理主模块

前处理主模块可以通过可视化窗口（图2-14）直接填写属性参数，或者导入数据库中数据以及建模形成的数据来形成和编辑自主研发数值模拟软件最基本的数据流 dat 文件和 obs 文件。可利用现有数据流将其部分或全部内容替换后产生，并可依据用户需求读写处理后按照用户指定的格式输出。

图2-14　数据流基本信息设置

2. 化学剂物理化学性质参数估算

以化学剂物理化学性质参数求解计算数学模型为基础，开发了具备可视化计算功能的软件，不仅提高了参数求解计算的质量，而且易于操作。

目前，具备聚合物吸附、残余阻力系数、聚合物流变性、聚合物黏度—浓度关系、束缚水饱和度、第一法向应力差、残余油饱和度、表面活性剂与碱竞争吸附8个方面的化学剂物理化学性质参数估算功能。

3. 生产动态数据处理

井工作制度数据处理软件可直接从油田开发数据库或软件自有数据库中按指定条件查询、加载、展示、计算、查错、提取研究区块的静态和动态数据，在模块中按用户需要输入、输出统一数据格式的前处理数据流和观测数据流。

四、化学驱数值模拟后处理曲线显示软件

化学驱数值模拟后处理曲线显示软件能够加载多个数值模拟观测数据与计算结果数据，并将数据以图形方式进行展示，为数据对比分析提供了有利的可视化操作工具。

化学驱数值模拟后处理曲线显示软件主要具有以下4种功能：

（1）单方案、多方案显示：能够绘制不同方案，同一对象、单个或多个指标之间的对比显示。

（2）单指标、多指标显示：能够绘制同一方案，不同对象、不同开采指标间的对比曲线。

（3）单对象、多对象显示：能够绘制同一方案，不同对象、相同指标的对比显示。

（4）数据提取功能：将显示的曲线图进行数据提取，并可将显示的数据导出为指定类型的文件。

五、化学驱数值模拟二三维场图形显示后处理软件

研制的二三维场图形显示后处理软件 Rainbow 具备图形绘制、数据管理、模型管理和辅助管理四大功能，其功能实用、界面友好、使用灵活、操作便捷。

图 2-15 显示了 Rainbow 软件的主要功能。

六、化学驱数值模拟数据结果分析评价软件

化学驱数值模拟数据结果分析评价软件能够绘制常用的图幅，并提供常见的油藏工程方法，可对化学驱数值模拟前处理动、静态数据和数值模拟结果进行动态分析与评价。

1. 开采现状图

根据平面图中的井号，指定油井或水井的开采指标，以饼状图或柱状图形式显示某一时间的生产数据。

2. 产量递减曲线

可提供3种产量递减模式分析方法，如指数递减、调和递减、双曲递减；可根据用户指定对产量递减曲线进行分段拟合，并给出产量递减公式。

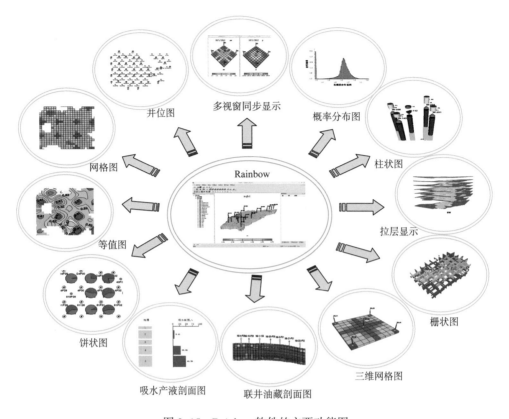

井位图　多视窗同步显示　概率分布图　柱状图　拉层显示　栅状图　三维网格图　联井油藏剖面图　吸水产液剖面图　饼状图　等值图　网格图　Rainbow

图 2-15　Rainbow 软件的主要功能图

3. 水驱特征曲线

目前，国内注水油田开发评价和可采储量标定中最主要、最常用的 4 类水驱特征曲线为甲型曲线、乙型曲线、广义丙型曲线和广义丁型曲线。

4. 含水率和采出程度曲线

应用童宪章推导出的半经验公式确定含水率与采出程度的关系，可根据实际数据绘制含水率和采出程度关系曲线，并提供童宪章图版法供用户添加标准线。

5. 产量构成曲线

产量构成曲线是将多井的同一开采指标进行统计，采用面积堆积图进行图形化展示。

七、化学驱数值模拟数据管理与共享软件

化学驱数值模拟数据管理与共享软件通过建立化学驱数值模拟数据管理数据库，实现数据管理与共享。

1. 账户的管理与设置

用户权限分为普通用户与管理员用户，管理员能够实现数据的管理，普通用户可查询指定权限范围内的数据。

2. 项目数据归档管理

项目数据归档管理是将数据存储到服务器端，进行数据归档。其管理的数据范围包括模拟区块的基本信息、岩石流体物理化学性质参数、化学剂物理化学性质参数、地质属性

场数据体、区块生产动态数据等数值模拟所需相关数据。

3. 项目数据查询

项目数据查询提供了灵活、多样的查询功能，根据用户权限，实现数据按指定条件进行查询，并可将查询数据结果以图表方式进行展示（图 2–16）。

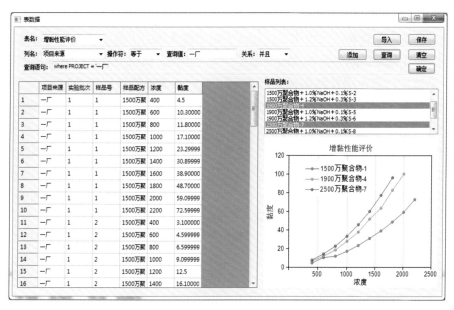

图 2–16　增黏性能评价数据查询与展示

第四节　聚合物驱数值模拟矿场应用

所研制的化学驱模拟器已成功应用于大庆油田化学驱油的科研和生产实践，本节给出了该模型在大庆油田一类油层高浓度聚合物驱试验和二类油层聚合物分质注入及三元复合驱的应用实例。

一、数值模拟方法反求高浓度聚合物溶液地下工作黏度

1. 高浓度试验区开发现状

1）试验区地质和开发简况

试验区位于喇嘛甸油田，试验目的层为葡 I1–2 油层，试验区面积为 1.67km²，平均有效厚度为 12.7m，孔隙体积为 $603 \times 10^4 m^3$，地质储量为 $355 \times 10^4 t$。试验区共有油水井 55 口，其中注入井 20 口，采油井 35 口（中心井 9 口）。采用斜行列式井网，注入井之间和采油井之间以及排距均为 212m，注采井距为 237m。

该区块于 2001 年 2 月开始注入浓度为 1000mg/L 的常规聚合物，2003 年 6 月 25 日开始注入高浓度聚合物溶液，试验前注聚合物体积为 0.315PV，聚合物用量为 290PV·mg/L，采收率提高 7.63 个百分点，综合含水率为 69.1%。

试验方案设计使用 2500×10^4 分子量聚合物，注聚合物浓度为 2500mg/L，注入速度为 0.13PV/a，聚合物用量为 2000PV·mg/L。

截至 2006 年 3 月，累计注入聚合物干粉 7012.89t（商品量），累计注入聚合物溶液 $393.63 \times 10^4 m^3$，注入油层孔隙体积为 0.653PV，聚合物用量为 1050.23PV·mg/L。其中，注入高浓度聚合物溶液 $204.13 \times 10^4 m^3$，注入油层孔隙体积为 0.338PV，高浓度段塞聚合物用量为 759.83PV·mg/L。

2）试验区开发存在的问题

自注入高浓度聚合物溶液以来，试验区表现出注入压力上升、注入速度下降、采出井含水率上升速度减缓的趋势。存在的问题是注采井距大，高浓度体系段塞推进困难，在试验区注入高浓度段塞油层孔隙体积 0.16PV 后，试验区出现注采困难的问题。试验过程中虽然采取大量增注增产措施，但是注采困难的矛盾依然突出。一是试验区注入能力下降幅度大。试验开展以来，试验区注入压力不断上升，全区平均注入压力最高达到 12.3MPa，比注入高浓度聚合物前的 9.6MPa 上升了 2.7MPa，其中部分井达到油层破裂压力。二是油井产液能力下降。2006 年 3 月，全区 27 口采出井日产液 1967t，与常规聚合物驱相比产液量下降 21.8%。9 口中心井日产液 599t，平均单井日产液只有约 67t。试验区采液速度与试验前相比下降 32.2%。三是高浓度段塞驱动困难。

2. 缩小井距试验方案设计

1）试验井的确定

（1）选井原则。

高浓度聚合物驱小井距试验井确定原则如下：一是缩小井距区块选择在高浓度试验区，尽可能利用现试验区的注采井；二是不改变当时试验区注采井的工作制度；三是缩小井距区块油层发育好，连通状况好；四是缩小井距以老井利用为主，尽可能不钻新井；五是缩小井距利用井可以提高储量动用程度，不形成滞留区；六是缩小井距区块的平均注采井距应为 100~150m。

根据选井原则，在北西块 212m×237m 的斜行列井网条件下，在高浓度试验区 6-P2128 和 7-P211 采出井井排间选取 3 口老井作为注入井，井号为 6-2124、7-2137 和 7-2111，形成两排注入井夹一排采油井、中间井排间注间采的行列井网，区块共有注聚合物井 13 口，采出井 4 口。

（2）缩小井距区块基本概况。

缩小井距区块位于喇嘛甸油田，目的层为葡 I1-2 油层，区块面积为 $0.34 km^2$，地质储量为 $71 \times 10^4 t$，孔隙体积为 $120 \times 10^4 m^3$，新利用注入井平均注采井距为 133m。

2）缩小井距区块地质概况

缩小井距区块平均有效厚度为 13.0m，油层厚度平面分布存在差异，西北部厚度较薄，油层有效厚度低于 10m，厚度最小井 7-P2105 仅为 9.3m；南部厚度较大，7-P2205 厚度最大（21.1m）。区块砂体一类连通率为 83.3%。

缩小井距区块葡 I1-2 油层纵向上可划分为葡 I1、葡 I2^1、葡 I2^2 和葡 I2^3 共 4 个沉积单元。其中，葡 I1 单元与上部油层的隔层条件较好，而其他层之间的隔层条件较差，大多为上下连通。各沉积单元的特征如下：

（1）葡 I1 单元为分流平原上的小型顺直分流的决口水道及水下分流河道沉积，河道砂体规模窄小，油水井大部分尖灭，河道砂渗透率低（0.271D）。

（2）葡 I2^1 单元为大型高弯曲分流河道沉积，以河道砂发育为主，砂体规模较宽，平均有效厚度为 4.7m，其最小值为 0.9m，最大值为 7.4m，渗透率较高（0.946D），砂体连通状况较好，砂体一类连通率为 77.7%。

（3）葡 I2^2 单元以河道砂及河间砂发育为主，局部砂体发育变差，钻遇率只有 69.2%，平均有效厚度为 2.1m，其最小值为 1.3m，最大值为 5.4m，平均有较渗透率为 0.926D，砂体一类连通率只有 40.9%。

（4）葡 I2^3 单元为大型的砂质辫状河道沉积，平均有效厚度为 5.5m，其最小值为 3.1m，最大值为 9.1m，平均有效渗透率为 0.648D，砂体一类连通率为 86.4%。

3）注聚合物方案初步设计

缩小井距区块新转注聚合物的 3 口利用井采用 2500×10^4 分子量聚合物，注入聚合物浓度为 2500mg/L，注入速度为 0.13PV/a，采用清水配制聚合物溶液，区块原注聚合物井保持注入方案不变。

根据注聚合物方案设计，缩小井距的 3 口注聚合物井配注共 395m^3/d，其中，6–2124 井配注 105m^3/d，7–2137 井配注 185m^3/d，7–2111 井配注 105m^3/d，高浓度聚合物驱试验区原相关注聚合物井注入方案进行相应调整，10 口原注聚合物井共下调配注 170m^3/d。

由于缩小井距区块新转注聚合物的 3 口利用井为原水驱注采井，转注聚合物井后改变了生产层位，原水驱井网的注水量应进行相应调整，根据原水驱井网的注采关系，对水驱注水方案进行调整，增加配注 225m^3/d。

根据试验区注高浓度聚合物体系后的吸水剖面资料分析，在注入速度为 0.1PV/a 时，高浓度聚合物体系注入 0.1PV 时，高浓度体系段塞平均推进 128m，按照段塞推进的速度计算，当注采井距缩小到 130m、注入速度提高到 0.13PV/a 时，估计缩小井距区块在注入一年左右的时间能够见到驱油效果。

3. 缩小井距试验数值模拟研究

1）数值模拟地质模型建立

数值模拟地质模型边界选取为缩小井距区域外边界注入井再向外扩至相邻生产井排，地质模型平面网格划分为 69×45，纵向上分 3 个层，总网格节点数为 9315，X 方向空间步长为 16.78m，Y 方向空间步长为 19.78m。

2）数值模拟历史拟合

对试验区的历史拟合从 2001 年 2 月注入 1000mg/L 常规聚合物开始，至 2007 年 10 月结束。拟合的主要指标有生产井的瞬时产油量、瞬时产水量和含水率。为了应用数值模拟方法反求高浓度聚合物溶液在多孔介质中流动时的工作黏度，进行了两种驱油机理的历史拟合：第一种是不考虑聚合物溶液弹性驱油机理数值模拟历史拟合；第二种是考虑聚合物溶液弹性提高微观驱油效率数值模拟历史拟合。

（1）不考虑聚合物溶液弹性提高驱油效率情况。

在不考虑聚合物溶液弹性提高驱油效率的情况下，数值模拟过程中驱油机理主要是聚合物溶液的高黏度能够改善油水相间的流度比，抑制注入液的突进，达到扩大波及体积、提高采收率的目的。根据上述驱油机理，数值模拟完成的拟合和预测结果如图 2-17 至图 2-20 所示，数值模拟过程中聚合物溶液的黏度场分布如图 2-21 所示，注采井底流压差模拟结果如图 2-22 所示。

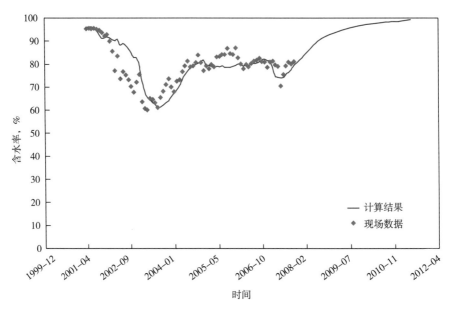

图 2-17　中心井区含水率拟合和预测结果

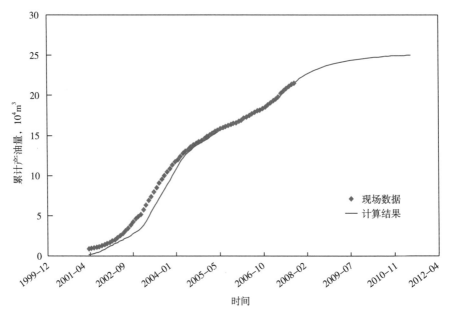

图 2-18　中心井区累计产油量拟合和预测结果

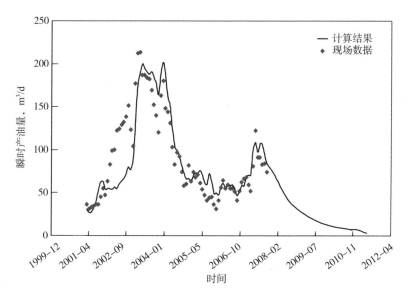

图 2-19　中心井区瞬时产油量拟合和预测结果

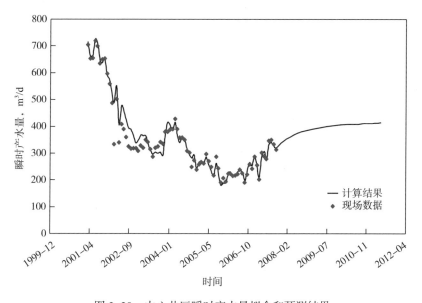

图 2-20　中心井区瞬时产水量拟合和预测结果

在不考虑聚合物溶液弹性提高驱油效率时，数值模拟聚合物驱油机理主要考虑聚合物溶液提高水相黏度，改善油水流度比驱油。按照上述机理，依靠聚合物溶液的黏度也能够取得比较好的产量指标历史拟合结果。现场试验从注采井之间取高浓度聚合物溶液返排样，实验室测试黏度超过 120mPa·s，图 2-21 显示了数值模拟过程中聚合物溶液的黏度场分布，与聚合物溶液返排样实验测定的体相黏度结果基本一致。但是，按照这样的工作黏度计算的注入井的井底流压非常大（图 2-22），会造成注采井压差非常大，而实际注采井压差没有这么大。由此说明，聚合物溶液在多孔介质中流动过程中的视黏度不会那么大，尽管依靠聚合物溶液的黏度也能够取得比较好的产量指标历史拟合结果，但是压力是不对的，仅仅依靠黏度驱油机理无法对聚合物驱油过程进行数值模拟研究，必须考虑聚合物弹性驱油机理的作用。

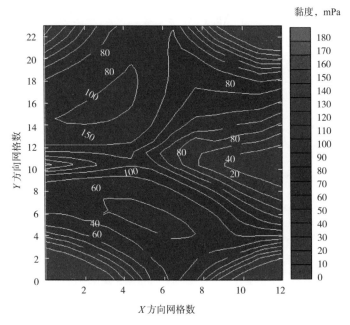

图 2-21　数值模拟过程中聚合物溶液的黏度场分布

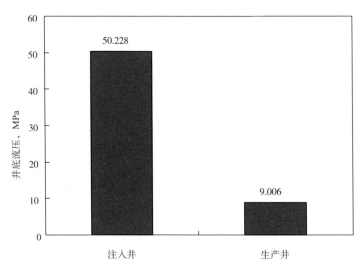

图 2-22　注采井底流压模拟结果

（2）考虑聚合物溶液弹性提高驱油效率情况。

在考虑聚合物溶液弹性提高驱油效率的情况下，对试验区进行了历史拟合，此时数学模型对聚合物的驱油机理的模拟除了驱替液中由于聚合物的引入增加了水相黏度、改善了油水流度比，还考虑了聚合物溶液的弹性提高微观驱油效率模拟功能。考虑聚合物弹性驱油机理后的数值模拟历史拟合结果如图 2-23 至图 2-28 所示。其中，图 2-23 显示了中心井区含水率数值模拟和实际对比结果，图 2-24 显示了中心井区累计产油量数值模拟和实际对比结果，图 2-25 显示了中心井区日产油量数值模拟和实际对比结果，图 2-26 显示了中心井区瞬时产水量数值模拟和实际对比结果，图 2-27 显示了注入压力数值模拟和实际对比结果，图 2-28 显示了数值模拟高浓度聚合物溶液在多孔介质中流动时的工作黏度场。

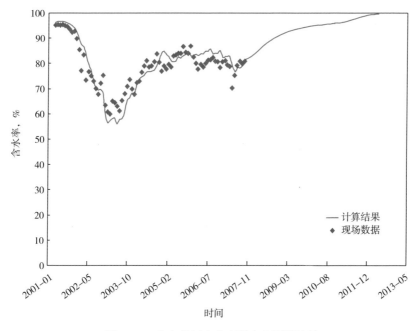

图 2-23　中心井区含水率拟合和预测结果

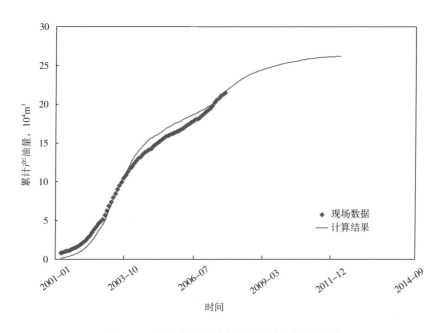

图 2-24　中心井区累计产油量拟合和预测结果

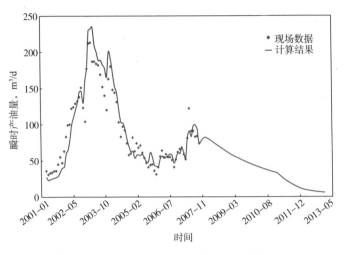

图 2-25　中心井区瞬时产油量拟合和预测结果

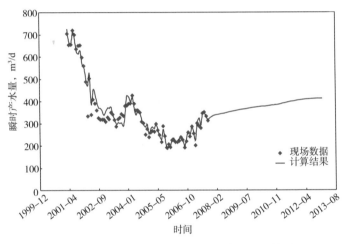

图 2-26　中心井区瞬时产水量拟合和预测结果

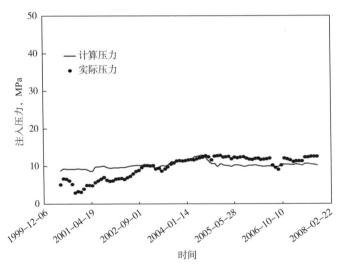

图 2-27　注入压力数值模拟和实际对比结果

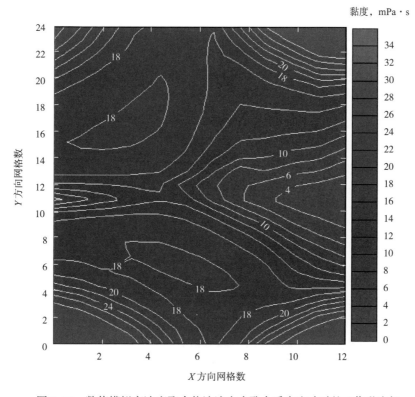

图 2-28 数值模拟高浓度聚合物溶液在多孔介质中流动时的工作黏度场

（3）数值模拟结论。

在不考虑聚合物溶液弹性提高驱油效率时，数值模拟无法正确模拟聚合物驱油过程。考虑了聚合物溶液黏度和弹性驱油机理的双重作用机理后，不仅正确拟合了产量指标，而且还较为准确地拟合了压力指标，反求出聚合物溶液在地下的工作黏度。高浓度聚合物溶液地下工作黏度在 30mPa·s 左右。

二、北一区断东西块二类油层聚合物驱分质注入开发方案设计

1. 地质开发方案概述

1）地质概况

北一区断东位于萨中开发区北部，北起北一区三排，南至中三排，西至 98# 断层，位于萨尔图背斜构造上，构造平缓，地层倾角为 1°~2°，98# 断层为正断层，走向为北北西向，延伸长度为 5.95km，最大断距为 145m，由于北一区断东井数多，按照井数之半，把北一区断东分为东西两部分。其中，北一区断东西部含油面积为 11.17km²，区域内无断层。

2）开采简史

北一区断东萨葡油层于 1960 年投入开发。2005 年 9 月，对该区萨 II10—萨 III10 上返进行二类油层聚合物驱，采用 150m 井距的五点法面积井网，有油水井 453 口。该区油水井采用一次射孔方式，全区钻遇砂岩厚度为 29.0m，有效厚度为 19.2m，平均渗透率为

0.525D，原始地层压力为 10.3MPa，破裂压力为 11.7MPa。有效孔隙体积为 $4017.2 \times 10^4 m^3$，地质储量为 $1912.9 \times 10^4 t$。

2. 聚合物驱方案设计

在聚合物注入参数和注入方式选择的基础上，结合北一区断东西块上返油层的地质特征、水淹特点和油水井动态情况，制订聚合物驱方案如下：

（1）聚合物驱注入速度为 0.14PV/a。225 口注入井注聚合物溶液 15408m³/d，平均单井日注聚合物溶液 68.5m³。

（2）聚合物用量为 650mg/（L·PV）。聚合物溶液采用单一整体段塞注入方式，段塞浓度为 1000mg/L，井口黏度不低于 40mPa·s。

（3）注入聚合物溶液前需注入清水作为前置段塞，聚合物溶液使用污水配制。

三、聚合物驱开采指标预测

1. 数值模拟地质模型的建立

北一区断东西部含油面积为 $11.17km^2$，共有油水井 480 口，其中注入井 222 口、生产井 258 口。聚合物驱开采层位是萨 II 10—萨 III 10²。根据沉积特征，建立数值模拟地质模型时，纵向上分为萨 II 10、萨 II 11、萨 II 12、萨 II 13-14、萨 II 15+16a—15+16b、萨 III 1—萨 III 3b、萨 III 4-7、萨 III 8、萨 III 9a—萨 III 10b 共 9 个模拟层。平面 X 方向划分为 120 个网格节点，Y 方向划分为 80 个网格节点，总网格节点数为 $120 \times 80 \times 9 = 86400$ 个。

方案运用了 GPTmap 软件附带的相约束三维建模模块进行了相控建模，确定了模拟层顶界深度、砂岩厚度、有效厚度、孔隙度、渗透率以及含水饱和度等各项地质参数。GPTmap 软件附带的相约束三维建模模块是基于相控地质建模的思想建立的，符合二类油层的地质特点。通过这项技术，实现了按砂体类型对储层属性分别描述，将精细地质的研究成果与油藏数值模拟技术紧密结合，使油藏地质模型更全面、准确。在进行相控地质建模时，直接应用了相同格式的沉积相带图，即由 GPTmap 绘制而成的沉积相带图，这样使油藏数值模拟与精细地质描述结合得更为贴切和准确。分别对 31 个沉积单元的沉积相进行填充后，利用沉积相对厚度、渗透率、含水饱和度、孔隙度等进行约束、插值，完成对建模数据的前处理工作。

2. 聚合物驱开发效果预测

1）水驱开发效果预测

北一区断东西块聚合物驱上返开发区开采层位为萨 II 10—萨 III 10² 的井在注入孔隙体积为 1.399PV 时，全区综合含水率达到 98%，最终累计产油量为 $112.86 \times 10^4 t$，全区最终采收率为 42.14%，阶段采出程度为 5.9%。

2）聚合物驱开发效果预测

根据北一区断东西块的地质特征，分别考虑采用两种不同的聚合物注入方式，并分别对开采层位的聚合物驱效果进行预测。

（1）全区注入（1200~1600）×10⁴中分子量聚合物。

全区所有井均注入（1200~1600）×10⁴中分子量聚合物，聚合物驱预测结果如下：聚合物驱上返开发区开采层位为萨II10—萨III10²的井在注入孔隙体积为0.08PV时，全区综合含水率达到最高值93.8%。当注入孔隙体积为0.307PV时，全区综合含水率达到最低值83.66%，含水率下降10.14个百分点。当注入孔隙体积为0.727PV时，全区注完聚合物溶液，转入后续水驱。当全区综合含水率达到98%时，总注入孔隙体积为1.216PV，此时聚合物驱阶段采出程度为14.1916%，全区最终采收率为50.43%，最终累计产油量为271.47×10⁴t。

与水驱效果相比，全区聚合物驱提高采收率8.3个百分点，累计增油158.61×10⁴t。

（2）选取部分井注入（1900~2500）×10⁴高分子量聚合物，其他井仍注入（1200~1600）×10⁴中分子量聚合物。

根据区块的具体地质特征，分别在中15-2站、中213站、聚中603站选取了部分开采层位发育较好的井，注入分子量为（1900~2500）×10⁴的高分子量聚合物，通过对沉积特征、孔隙度、渗透率特性等进行具体分析，共选取了70口井注入高分子量聚合物，其他152口注入井仍注入中分子量聚合物。采用该种注入方式对全区的聚合物驱效果进行了预测，预测结果如下：当注入孔隙体积为0.08PV时，全区综合含水率达到最高值93.8%。当注入孔隙体积为0.307PV时，全区综合含水率达到最低值81.57%，含水率下降幅度12.23个百分点。当注入孔隙体积为0.727PV时，全区注完聚合物溶液，转入后续水驱。当全区综合含水率达到98%时，总注入孔隙体积为1.20PV，此时聚合物驱阶段采出程度为15.1%，全区最终采收率为51.34%，最终累计产油量为288.84×10⁴t。

与水驱效果相比，全区聚合物驱提高采收率9.2个百分点，累计增油175.98×10⁴t。预测结果如图2-29和图2-30所示。

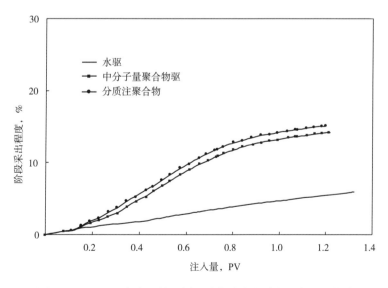

图2-29　北一区断东西块不同驱油方式阶段采出程度预测曲线

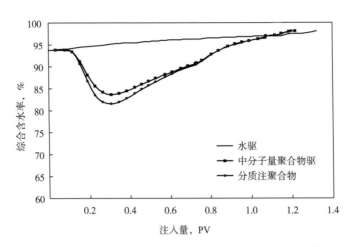

图 2-30　北一区断东西块不同驱油方式含水率预测曲线

对比采用上述两种不同聚合物注入方式的聚合物驱预测结果表明，选取部分井注入高分子量聚合物的最终预测结果比全区注入中分子量聚合物的预测结果好。

因此，方案建议采用选取部分井注入高分子量聚合物的方式，这样可以获得更好的开采效果和经济效益。

第三章 聚合物驱跟踪调整技术

聚合物驱跟踪调整贯穿整个聚合物驱开发过程，从区块投产开始，动态分析人员根据区块的动态变化实施跟踪调整，"十一五"以来，随着对聚合物驱油机理认识的深入，同时二类油层投产规模的不断扩大，注采井距的进一步缩小，跟踪调整更加频繁。近几年，年度调整工作量上升到 10000 井次以上，尤其是处于注聚合物阶段的注入井跟踪调整，平均每口注入井每年都需要调整一次。

一般情况下，聚合物驱跟踪调整具有目的性，为了达到某种调整目的而实施调整，如改善注采状况、调整注采平衡、挖潜剩余油或者提高产液速度等，无论要达到哪种调整目的，跟踪调整都要从区块或井组的动态分析入手，明确需要解决的问题或者调整目标，然后制定有针对性的调整措施。目前，在聚合物驱油现场，一般的调整措施包括注入量调整、注入质量浓度调整、注入聚合物分子量调整、停注聚合物调整、注入井措施调整和采油井措施调整等。

第一节 开发阶段划分

在聚合物驱开发过程中，聚合物驱油生产表现出明显的阶段性，在实际生产管理中，可以根据聚合物驱分析需要，参照驱替介质的不同及综合含水率的变化特征，把聚合物驱全过程划分为 3~7 个开发阶段，在不同的开发阶段，根据其开发特点，应用相应的调整技术方法，实现改善开发效果的目标。

聚合物驱开发阶段划分方法如下：

（1）方法 1：三阶段划分法。在聚合物驱开发全过程中，要经历注水开发—注聚合物开发—注水开发的过程，因此，可以按照驱替介质的不同，将聚合物驱开发全过程粗略分为 3 个开发阶段，即空白水驱阶段、注聚合物溶液阶段和后续水驱阶段。

（2）方法 2：五阶段划分法。在注聚合物溶液阶段，综合含水率的变化表现出持续下降、保持稳定、逐步上升的阶段性动态变化规律。根据这个动态变化规律，把注聚合物溶液阶段进一步细分为含水率下降阶段、低含水率稳定阶段和含水率上升阶段（有时也称为注聚合物初期、注聚合物中期和注聚合物后期）3 个开发阶段。因此，可以依据驱替介质不同和含水率变化规律相结合的方法将聚合物驱开发过程划分为 5 个开发阶段，即空白水驱阶段、含水率下降阶段、低含水率稳定阶段、含水率上升阶段和后续水驱阶段。

（3）方法 3：七阶段划分法。动态管理人员有时为了便于开发区块的动态分析和日常管理，在五阶段划分法的基础上，把区块投注聚合物后含水率未出现明显下降的一段时期单独划分出来作为一个开发阶段，称为注聚合物未见效阶段；把持续时间最长的含水率上升阶段进一步分为含水率上升前期和含水率上升后期。因此，聚合物驱开发全过程可以进一步划分为 7 个开发阶段，即空白水驱阶段、注聚合物未见效阶段、含水率下降阶段、低含水率稳定阶段、含水率上升前期、含水率上升后期和后续水驱阶段（图 3-1）。

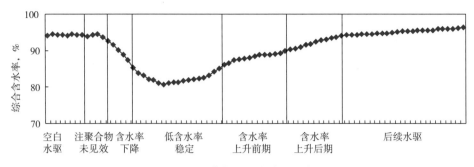

图 3-1　聚合物驱开发阶段示意图

无论采取哪种聚合物驱阶段划分方法，每个开发阶段都有其明显的特点，区别于其他开发阶段。以下介绍采取七阶段划分法时，各阶段特有的注采参数动态特点和生产目标、分析重点、调整技术方法等方面内容。

（1）空白水驱阶段：该开发阶段采取注水开发，一般注入压力比较低，为 6~10MPa；综合含水率比较高，达到 90% 以上，个别区块甚至达到 98% 以上。该开发阶段持续时间长短不一，可短至几个月或半年，个别区块持续时间接近两年甚至更长。在该开发阶段主要开展注聚合物前的准备工作，包括开展地质研究、调整注采平衡、均衡压力系统、录取各种动态资料、编写驱油方案和调剖方案等。

（2）注聚合物未见效阶段：该开发阶段起始点为区块投注聚合物时间点，持续到综合含水率出现下降趋势，持续时间一般较短。区块投注聚合物后，综合含水率一般不会马上下降，会在短时间内保持平稳，甚至小幅度上升，此时采油井未见到聚合物驱效果，区块处于注聚合物未见效阶段。在该开发阶段，总体上保持驱油方案设计的注入参数稳步注入，不开展大规模的方案调整，只对个别注入压力突升或注入压力高的注入井实施措施改造，对部分压力上升缓慢井实施分层注聚合物，使注入压力稳步上升。

（3）含水率下降阶段：该开发阶段一般持续时间相对较长，从综合含水率出现下降趋势开始，至含水率下降速度明显变缓时结束，综合含水率始终处于下降的状态，区块处于含水率下降阶段。在该开发阶段，不同井区在见效时间和各动态参数变化方面表现出的差异很大，但总体上按照聚合物驱规律，注入压力快速上升，视吸水指数快速下降，产液量缓慢下降，综合含水率持续下降，日产油量持续上升，采出聚合物浓度持续上升。在开展跟踪调整时，配合分层注聚合物实施注入质量浓度调整及注入量调整，控制单方向或单层的聚合物溶液推进速度；对部分采油井实施压裂引效，努力提高见效井比例，促进采油井均衡受效。

（4）低含水率稳定阶段：对于不同的开发区块，该开发阶段的持续时间一般差异很大，短至半年，长至一年以上甚至更长。在综合含水率下降开始明显变缓以后，在较长时间内稳定在较低的水平并出现含水率最低点，之后含水率开始回升。在该过程中，综合含水率变化曲线呈现中间平两端略翘的形态，注入压力保持平稳，视吸水指数缓慢下降，产液量缓慢下降，综合含水率稳定在较低水平，日产油量保持在较高水平，采出聚合物浓度继续上升。此时，采油井见效比例已经提高到较高水平，含水率降幅达到最大。在开展跟踪调整时，通过实施注入井压裂、解堵等措施保证区块良好注入状况；通过实施采油井压裂、调大参数等措施努力放大生产压差，控制产液量递减速度，努力延长区块的低含水率稳定期。

（5）含水率上升前期：该开发阶段持续时间较长，一般持续半年到一年。从综合含水率曲线形态明显上翘开始，综合含水率先以较快速度上升，然后上升速度明显变缓；日产油量持续下降。在该开发阶段，油层动用状况明显变差，一般围绕控制含水率上升速度开展各项工作，尽量提高区块分注率，对部分井采取细分，提高低渗透层注入的同时控制高渗透层注入。

（6）含水率上升后期：该开发阶段持续时间较长，一般持续半年到一年。在该开发阶段，综合含水率上升速度变缓，日产油量下降速度变缓，含水率上升到较高水平，经济效益变差，此时，注采井措施工作量明显减少，为控制含水率上升速度，应该适当控制注采速度，在含水率上升至 92.0% 左右时，着手编制停注入方案，实施个性化停注聚合物。

（7）后续水驱阶段：该阶段驱替介质由聚合物溶液改为水，从区块全部停注聚合物开始，到区块综合含水率上升到 98% 结束，一般持续时间很长，是聚合物驱开发阶段中持续时间最长的一个，可长达 3~5 年，甚至更长。虽然该开发阶段的区块综合含水率很高，但对区块的最终提高采收率的贡献仍然很大，通常结合细分注水、周期注水等措施，控制注采速度，控制含水率上升和产量递减。

第二节　聚合物驱开采特征

一、注入井动态变化特征

1. 注入能力变化

注入能力变化是注聚合物阶段最早出现的动态变化特征，在空白水驱阶段，注入井的注入能力较强；注聚合物后，注入井的注入能力快速下降。注入能力变化的影响因素很多，是多种影响因素共同作用的结果。静态因素主要包括油层厚度、渗透率、注采井连通状况、注采井距等；动态因素主要包括注入体系和注采速度。

1）注入压力变化特征

注入压力一般是指注入井的井口压力，注入压力的变化是注入能力变化的最重要、最直接的体现。注入压力在区块的整个聚合物驱开发过程中是不断变化的，先后经历低水平稳定、快速上升、高水平稳定、逐步下降和低水平稳定的变化过程，且不同开发阶段的注入压力水平差异很大（图 3-2）。

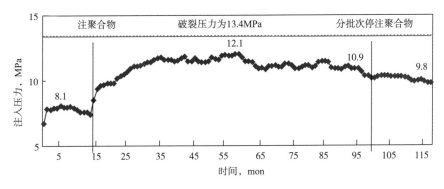

图 3-2　某区块注入压力变化曲线

空白水驱阶段：由于驱替介质为黏度较低的水，相对其他开发阶段，注入井的注入能力较强，注入压力较低，一般注入压力仅为 6~10MPa，注入压力上升空间较大，有的区块可达 4MPa 以上。

含水率下降阶段：驱替介质由水改为黏度更高的聚合物溶液，由于聚合物在油层孔隙中的吸附捕集，注入井近井地带渗透率快速下降，导致注入压力快速上升，一般较注聚合物前上升 2~5MPa。

低含水率稳定阶段及含水率上升阶段：随着注聚合物时间的延长，聚合物用量逐渐增加，油层的吸附捕集逐步达到平衡，注入压力不再上升，逐渐趋于稳定并在较长时间内保持在较高水平，注入压力上升空间缩小到 1.0~2.0MPa。

后续水驱阶段：由于注入介质由聚合物溶液改为黏度更低的水，注入压力会经历短期快速下降、缓慢下降、基本稳定的变化过程。最终，注入压力一般稳定在较空白水驱高 1~3MPa 的水平。

2）注入速度变化特征

注入速度是指年度注入聚合物溶液量占油层孔隙体积的百分比，其单位是 PV/a。在日常生产中，为了便于开展动态分析，一般用折算的年注入速度，先用月度注入聚合物溶液量折算成年度注入聚合物溶液量，然后计算其占油层孔隙体积的百分比。由于这一注入速度的基础动态数据是月度注入聚合物溶液量，因此通常称为月度注入速度，有时也简称注入速度。

注入速度在区块的整个聚合物驱开发过程中是不断变化的，在不同的开发阶段，在区块的注采两端都能够正常生产的情况下，注入速度规律性变化，随着开发时间的延长，总体上呈现缓慢下降的趋势。但很多时候，注入速度的高低需要根据区块的开发形势进行调整（图 3-3）。

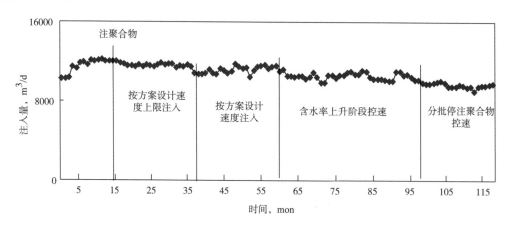

图 3-3 注入量变化曲线

空白水驱阶段：为了在区块投注聚合物前尽可能弥补地下亏空，补充地层能量，一般采取较快的注入速度注入，逐步把区块注采调整到注采平衡状态；同时，为了使空白水驱阶段的注入速度与驱油方案设计的注聚合物后注入速度能够平稳衔接，在注聚合物前几个月，区块的注入速度应保持在方案设计注聚合物后注入速度水平。

含水率下降阶段：一般情况下，开发区块的注入速度要按照聚合物驱方案设计注入速度执行；对空白水驱阶段地下亏空严重的区块，有时会出现在注聚合物前未能把区块注采调整到注采平衡状态的情况，为了进一步弥补地下亏空，可以适当提高区块的注入速度。

低含水率稳定阶段：通过空白水驱阶段、含水率下降阶段的优化调整，在开发区块进入低含水率稳定阶段时，一般已经达到注采平衡的状态，此时注入速度应该尽量保持在驱油方案设计水平，并在较长一段时期内保持注采速度相对稳定；有时，可以根据注入压力水平及升幅，适当对注入速度进行小幅度调整。

含水率上升阶段：为了保证注入状况稳定，控制注入溶液在油层的推进速度，防止区块综合含水率上升速度过快，需要适当小幅度地下调注入速度，使注入速度保持在略低于驱油方案设计水平。

后续水驱阶段：区块实施停注聚合物后，驱替介质由聚合物溶液改为黏度更低的水，为了控制注入水的推进速度，防止个别层或个别方向出现注入水推进速度过快导致含水率突升的现象，一般适当下调注入速度。

3）视吸水指数变化特征

视吸水指数是指单井日注水量与井口注入压力之比，是注聚合物井注入能力的最直接体现，其表达式如下：

$$I'_w = \frac{q_{iw}}{p_{iwh}} \qquad (3-1)$$

式中　I'_w——视吸水指数，$m^3/(MPa \cdot d)$；

　　　q_{iw}——单井注水量，m^3/d；

　　　p_{iwh}——井口注入压力，MPa。

在聚合物驱开发的全过程，依据注入量的变化规律和注入压力的变化规律，从式（3-1）可以得出，随着开发时间的延长，视吸水指数规律性变化，总体上呈现持续下降或保持平稳的变化趋势（图3-4）。

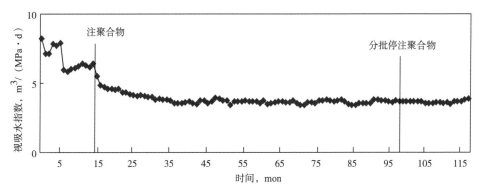

图3-4　视吸水指数变化曲线

注聚合物阶段：随着聚合物用量的增加，注入压力快速大幅度上升，然后长期保持较高水平，注入速度缓慢下降或保持平稳。因此，随着聚合物用量的增加，视吸水指数先快速后缓慢下降，然后长时间保持在某一较低水平。

后续水驱阶段：区块实施停注聚合物后的短时间内，与含水率上升后期对比，视吸水指数会有小幅度的下降。然后，随着开发时间的延长，视吸水指数一般稳定在某一较低水平。

2. 吸液剖面变化

吸液剖面是指通过生产测井取得的一种动态分析材料，反映了在一定的注入压力下，注入井的每个层段或者单层的绝对吸液量和相对吸液量。吸液剖面在开展聚合物动态分析时应用十分广泛，可以帮助动态分析人员了解各层动用状况，从而指导注入井的方案调整。

聚合物驱过程中，注入井吸液剖面会发生有规律性的变化。实质上，这种规律性变化反映了聚合物溶液扩大波及体积、提高采收率的作用。注入井的吸液剖面反映出注入井在一定的注入压力下，每个层段或单层的绝对吸液量、相对吸液量和吸液厚度，剖面的变化直接反映了目的层在录取剖面资料时的动用状况，进而影响剩余油的分布状况，是聚合物驱动态分析的一项重要资料，可以指导调剖、分注等措施的选井选层。

空白水驱阶段：由于油藏的非均质性，存在层间及层内渗透率差异，在驱替过程中，注入水优先通过高渗透层（或部位），中低渗透层（或部位）吸液量少，或者不吸液，此时，吸液剖面表现为吸液层单一且吸液厚度薄，而且吸液层的吸液强度相对较大。

注聚合物阶段：注入井投注聚合物后，吸液剖面的变化相对复杂，但有一定的规律性。聚合物溶液优先进入高渗透层（或部位），由于聚合物在油层中的吸附捕集作用，吸液油层的渗透率会快速下降，注入压力快速上升；当达到中低渗透层启动压力时，聚合物溶液开始进入中低渗透层（或部位），吸液层数及吸液厚度增加，中低渗透层（或部位）相对吸入量增加，此时聚合物溶液起到调整剖面的作用，吸液剖面得到改善，这一改善过程一般发生在含水率下降期和含水率稳定期。但是，这种剖面的改善并不能长时间持续，随着中低渗透层（或部位）聚合物溶液的不断进入，其渗流阻力增大导致其吸水量逐渐下降，甚至不吸水，聚合物溶液从中低渗透层（或部位）退回到原来的高渗透层（或部位），波及体积缩小，吸液剖面发生反转，这一反转过程一般发生在含水率上升期。

后续水驱阶段：由于驱替介质由聚合物溶液改成黏度较低的水，注入压力下降，在驱替过程中，注入水优先通过高渗透层（或部位），中低渗透层（或部位）的吸液量降低或者不吸液，吸液剖面又一次表现为吸液层单一且吸液厚度薄，而且吸液层的吸液强度相对较大。

聚合物驱开发过程中，目的油层经过注水—注聚合物—注水开发的过程后，各小层的渗流能力会发生不断变化，同时，层间渗流能力差异不断变化，油层的吸液厚度和各小层的相对吸液量呈现规律性变化，各个渗透率级别油层的累计动用厚度比例都会有不同程度的提高，一般情况下，渗透率级别越低，提高幅度越大。通常，阶段吸液厚度比例在持续上升到低含水率稳定期的最高点后逐步下降，累计动用厚度比例在低含水率稳定期达到最高点，一般能达到90%以上（表3-1）。

表 3-1　聚合物驱剖面变化情况表

| 开发阶段 | 不同渗透率级别油层 | | | | | | | | 合计吸入厚度比例，% |
| | <300mD | | 300~500mD | | 500~800mD | | >800mD | | |
	吸入厚度比例，%	相对吸入量，%	吸入厚度比例，%	相对吸入量，%	吸入厚度比例，%	相对吸入量，%	吸入厚度比例，%	相对吸入量，%	
空白水驱阶段	41.1	12.4	50.5	13.5	62.5	10.9	75.1	63.2	55.9
含水率下降阶段	53.5	25.9	63.7	25.8	69.9	21.2	77.0	27.1	64.2
低含水率稳定阶段	61.8	28.7	67.1	26.9	77.8	22.3	80.4	22.1	70.0
含水率上升阶段	56.7	31.2	64.2	25.1	76.2	21.3	78.3	22.4	67.1
后续水驱阶段	41.6	14.3	55.6	15.8	73.2	16.7	75.8	53.2	57.5
累计	90.3	28.5	92.5	26.6	95.6	21.6	96.8	23.3	93.2

二、采油井动态变化特征

1. 产液能力变化

1) 影响产液能力变化的主要影响因素

采油井产液能力的变化主要表现为产液指数的变化，产液指数为单位采油压差下采油井的日产液量，其计算公式如下：

$$J_{\mathrm{L}} = \frac{Q_{\mathrm{L}}}{p - p_{\mathrm{wf}}} \qquad (3-2)$$

式中　J_{L}——产液指数，t/MPa；

　　　Q_{L}——日产液量，t；

　　　p——静压，MPa；

　　　p_{wf}——流压，MPa。

2) 产液能力的变化特征

在工业化生产实践中，产液指数的变化趋势一般与日产液量的变化趋势是一致的，日产液量的变化是产液能力变化的直接表现。为了便于日常区块动态分析，通常分析日产液量的变化来分析产液能力的变化。

在空白水驱阶段，油层的驱替介质为低黏度的水，渗流阻力较小，供液能力较强，产液能力较强，日产液量较高。区块投注聚合物后，由于驱替介质由水改为黏度较高的聚合物溶液，驱替介质的流度降低，渗流阻力增大，油层的压力传导能力变差，供液能力快速下降，导致采油井流压下降、产液能力降低、日产液量快速下降；区块进入低含水率稳定期后，此时驱油效果达到最佳，产液能力下降变缓，日产液量保持稳定或缓慢下降，在整个注聚合物阶段，日产液量降幅一般在 20% 以内。区块停注聚合物后，由于控制了区块注入速度，日产液量缓慢下降（图3-5）。

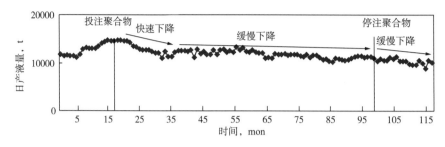

图3-5　日产液量变化曲线

2. 产油能力和含水率变化

1）产油能力和含水率变化的关系

注聚合物前，一般开发区块的综合含水率在90%以上。近年来，个别区块注聚合物前的综合含水率高达98%以上；注聚合物后，综合含水率最大下降幅度一般在10个百分点左右，剩余油富集的区块可以达到20个百分点甚至更高。在注聚合物过程中，通过优化方案调整及实施各种增产增注措施，保证良好的注采状况，可以把产液量下降幅度控制在20%以内。由于聚合物驱具有初始含水率高、含水率降幅大的特点，当把产液量下降幅度控制在相对较小的合理范围内时，综合含水率的下降幅度对产油量的增加起决定性作用，因此，在工业化生产中，一般通过尽最大努力提高含水率下降幅度、延长低含水率稳定期来实现最大幅度提高采收率的目标。

2）产油能力和含水率的变化特征

工业化生产中，聚合物驱含水率的变化具有明显的阶段性。注聚合物前，综合含水率一般处于较高水平；投注聚合物后，随着聚合物用量的增加，综合含水率先后经历缓慢下降或不下降、明显下降、稳定、快速上升、缓慢上升5个阶段；然后又一次进入高含水率阶段，区块转入后续水驱开发（图3-6）。

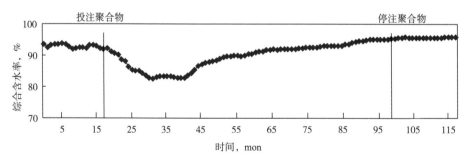

图3-6　综合含水率变化曲线

由产液量、产油量、含水率的逻辑关系可以看出，在产液量降幅不大的情况下，日产油量的变化趋势与综合含水率的变化趋势相反。注聚合物前，日产油量处在较低水平；投注聚合物后，随着聚合物用量的增加，日产油量先后经历缓慢上升、快速上升、稳定、快速下降、缓慢下降5个阶段；然后区块转入后续水驱开发，日产油量下降到较低水平，甚至低于注聚合物前水平（图3-7）。

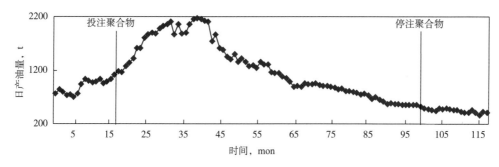

图 3-7　日产油量变化曲线

3. 产液剖面变化

产液剖面是指通过生产测井取得的一种油层动用材料，反映了纵向上的产液量、产油量、含水率在每个层的分布。在开展聚合物动态分析时，应用产液剖面可以帮助动态分析人员了解各层的日产液量、含水率和日产油量，识别高、低含水率层，从而指导采油井挖潜措施及连通注入井的方案调整，有效控制低效和无效循环、挖掘剩余油潜力。

在日常工业化生产中，受产液剖面的现场录取条件的制约，录取产液剖面资料比较少，在分析油层的动用状况时，动态分析人员一般以分析注入井吸液剖面为主，采油井的产液剖面为辅。采油井的产液剖面在现场主要是应用在采油井措施效果分析方面，例如，当采油井实施某个高含水率层封堵时，可以在封堵前后分别录取产液剖面，通过措施前后的剖面对比，来判断需要封堵的目的层是否封堵成功，分析剩余的各油层的产液量及含水率如何变化。

4. 地层压力变化

地层压力是指地层孔隙内流体所承受的压力，在油层开采以前的地层压力称为原始地层压力，原始地层压力与某个开发时期的地层压力的差称为总压差。

在开展聚合物驱开发区块的动态分析时，一般认为地层压力保持在原始地层压力附近较好。在聚合物驱全过程中，区块总压差应保持在 -0.5~0.5MPa 范围内，同时，地层压力的平面分布应保持均衡。

开发区块处于空白水驱阶段时，地层压力通常处于较低水平，经常出现总压差小于 -0.5MPa 的情况，此时，需要开展注采速度调整工作，逐步恢复地层压力；区块投注聚合物后，地层压力水平应该恢复至原始地层压力附近，并尽量保持在原始地层压力以上，区块总压差尽量保持在 0~0.5MPa 范围内；在含水率上升后期以后，一般地层压力会有小幅度的下降，总压差应保持在 -0.5~0MPa 范围内。在工业化生产中，在区块开发的每一个开发阶段，都有可能由于某种原因导致区块注采不平衡，经常出现地层压力水平偏低或者分布不均衡的现象，影响开发效果。如发生此类状况，应该及时进行稳步调整，平稳地把地层压力调整到合理水平，并且平面分布均衡。

5. 采出聚合物浓度变化

采出聚合物浓度为生产井采出的单位体积溶液中含有聚合物药剂的质量，单位为mg/L。当注聚合物前一段时间内采取清水注入时，地层中没有聚合物，在这种情况下，采油井采出液化验出存在聚合物的时间被称为见聚合物时间。当注聚合物前采取含聚合物污水注入时，注聚合物前的地层中已经含有聚合物，采油井采出液化验可以得到采出聚合物浓度值，在这种情况下，采出聚合物浓度值从注聚合物开始短时间内保持较低水平，然后出现明显上升，采出聚合物浓度出现明显升高的时间被称为见聚合物时间。

聚合物驱开发区块在投注聚合物后，从含水率下降期采油井见聚合物开始，到开发全过程结束，采出聚合物浓度呈现规律性变化。区块采油井见聚合物后，采出聚合物浓度短期内保持在较低水平或缓慢上升，随着采油井的逐步见效，区块进入低含水率稳定期，采出聚合物浓度上升速度加快，进入含水率上升期后，上升速度减缓，在达到某一最高值后出现一个相对平稳期，区块转入后续水驱阶段后，采出聚合物浓度开始缓慢下降（图3-8）。

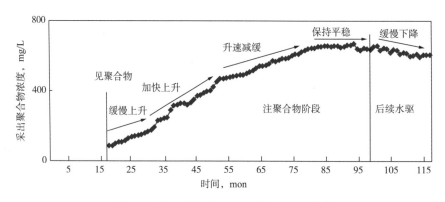

图3-8　聚合物驱采出聚合物浓度变化曲线

第三节　聚合物驱油藏动态分析内容

从萨中开发区第一口井投产以后，到开发全过程结束，整个油藏都处于不断动态变化之中，油藏的地质条件越复杂，动态变化就越复杂。动态分析就是分析油藏内部在聚合物驱开发过程中的多因素变化，如地层压力变化、油水分布变化等，并把这些变化有机地联系起来，从而解释现象，发现规律，预测动态变化趋势，明确调整挖潜方向，不断实施有针对性的优化调整，充分挖掘地下油层潜力，改善油田开发效果，较大幅度地提高聚合物驱采收率。动态分析是动态管理人员的基本功，在实际工作中，分析对象可以是单井、井组、层系或区块，其中，井组动态分析和区块动态分析对油田开发更具有指导意义。依据地质资料、工艺措施资料等基础资料，利用统计、画图、数值模拟等方法开展井组分析或区块分析，其基本要求如下：资料准确，不使用有疑义的或虚假的资料；重点突出，抓住主要矛盾，分析主要问题；动静结合，切忌脱离静态的动态分析；注采结合，切忌注采两端分别独立分析；对策可行，针对问题提出的治理对策要经济可行，可操作性强。

一、区块动态分析

以区块为单元，在分析各种静态资料的基础上，开展注入量、产液量、综合含水率及采出聚合物浓度等各种动态参数分析，分析主要注采参数变化规律及原因、油水运动状况、层间关系及各油层工作状况，评价开发效果，寻找区块开发存在的主要问题，提出治理对策，及时进行跟踪调整，改善开发效果。

1. 区块动态分析主要资料准备

区块动态分析的内容主要有油藏地质再认识、层系井网分析、开发现状况分析、存在问题和调整建议、油藏动态预测等。通常重点分析开发状况，主要内容有区块开发方案或调整方案的执行情况及调整效果分析，注采平衡状况分析，油层动用状况及油水分布状况分析，注入压力、日产液量及综合含水率等主要参数的动态分析。主要资料有沉积相带图、注入状况曲线、综合开采曲线、数值模拟曲线、对标分类曲线、有效厚度等值图、渗透率等值图、注入压力等值图、注入量等值图、注入质量浓度等值图、注入井吸液剖面图、日产液量等值图、综合含水率等值图、流压等值图、采出聚合物浓度等值图、地层压力等值图、采油井产液剖面图、注采井井史数据等。

2. 区块动态分析方法

在聚合物驱工业化推广实践过程中，动态分析人员开展区块分析一般先介绍区块的基本情况及地质认识，然后介绍优化调整工作及主要注采参数变化，再寻找区块开发存在的主要问题，接下来提出切实可行的解决问题的措施方法，从而实现改善开发效果的目的。根据上述分析思路，一般的区块分析包含 5 个部分，即区块基本概况、地质认识、已开展的主要工作及效果、目前开发形势、存在的问题及下步调整建议。区块分析的格式不是固定不变的，可以根据分析需要进行调整。

二、井组动态分析

井组分析是小型的区块分析，以某一口注入井或采油井为中心，以井组为单元，在分析井组的各种静态资料的基础上，开展各种动态参数分析，分析各连通方向、各连通层的油水运动状况及潜力分布状况，寻找井组存在的主要问题，及时提出解决方案，改善井组注采状况，提高井组开发效果。

1. 井组动态分析资料准备

井组动态分析的内容主要有油层条件及连通状况、开发状况分析、存在问题和调整建议、油藏动态预测等。通常重点分析开发状况，主要内容有调整方案的执行情况及调整效果分析，注采平衡状况分析，油层动用状况分析，注入压力、日产液量及综合含水率等主要参数的动态分析。主要资料有注入状况曲线、综合开采曲线、井组栅状图、注入井吸液剖面图、采油井产液剖面图、地层压力、注采井井史数据等。

2. 井组动态分析方法

与区块分析类似，在聚合物驱工业化推广实践过程中，动态分析人员开展井组动态分析一般先介绍井组的基本情况及油层条件，然后分析主要注采参数变化，再寻找井组存在的主要问题，提出切实可行的解决问题的措施方法，从而实现改善开发效果的目的。根据上述分析思路，一般的井组动态分析包含井组基本概况、油层条件及连通状况、已开展的主要工作及效果、目前存在的问题及下步调整建议等部分。也有的动态分析人员在井组分析时，介绍完基本概况后直接提出井组目前存在的问题，然后针对问题开展具体分析并提出下步调整建议。

第四节 跟踪调整方法及措施

一、对标分类评价方法

聚合物驱开发受储层条件、注聚合物参数、驱油体系等因素的影响，不同区块之间的开发效果及效益差异较大。聚合物驱开发区块的开发效果评价通常重点分析区块的含水率、增油倍数、注入压力、注采指数等指标的变化情况。由于各区块储层条件、井网井距差异较大，不利于区块之间的分析对比。

1. 对标分类方法的建立

以开发区块"采收率提高值"为纵坐标，以"累计聚合物用量"为横坐标，建立开发区块注聚合物全过程的阶段提高采收率值随累计聚合物用量的变化关系，绘制了一类油层、二类油层效果分析图，并参考若干个聚合物驱开发区块的实际动态资料和数值模拟资料，结合油田聚合物驱开发的提高采收率工作目标，制订了聚合物驱开发全过程 A、B、C、D 四个等级的分类标准，从而分别绘制了一类油层、二类油层分类评价图版，建立了分类评价方法（图 3-9 和图 3-10）。

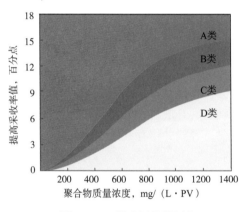

图 3-9　一类油层分类评价

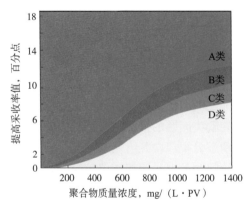

图 3-10　二类油层分类评价

2. 聚合物驱区块对标分类评价结果

应用建立的对标分类评价方法，对大庆油田 90 个注聚合物区块进行了对标分类评价，绘制了 57 个一类油层注聚合物区块和 33 个二类油层注聚合物区块的对标分类评价曲线图（图 3-11 和图 3-12）。

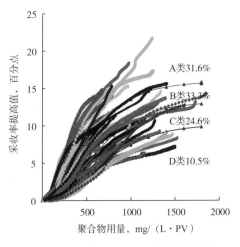

图 3-11　一类油层对标分类评价结果　　　图 3-12　二类油层对标分类评价结果

通过对标分类评价发现，同类油层不同区块之间开发效果差异很大，相同聚合物用量情况下，提高采收率幅度差异高达 10 个百分点以上，即使地理位置相邻，油层条件相近，最终聚合物用量基本相同，提高采收率幅度差异也达到 2 个百分点。

在聚合物驱现场，一般认为对标分类水平达到 A 类或 B 类的区块开发效果相对较好，C 类或 D 类区块开发效果相对较差。从 90 个区块对标分类评价结果看，一类油层区块中有 37 个区块属于 A 类或 B 类区块，占区块总数的 64.9%，二类油层区块中有 29 个区块属于 A 类或 B 类区块，占区块总数的 87.8%；同时，一类油层区块中有 20 个区块属于 C 类或 D 类区块，占区块总数的 35.1%，二类油层区块中有 4 个区块属于 C 类或 D 类区块，占区块总数的 12.1%，此类区块开发效果较差。

3. 对标分类方法的应用

在聚合物驱开发调整过程中，对标分类评价方法主要在以下 5 个方面得到了广泛应用：

（1）对标分类方法的建立过程既考虑了开发效果，又考虑了开发效益，应用该方法可以对区块注聚合物全过程开发效果、开发效益进行跟踪分析评价。

（2）将处于不同开发阶段、不用聚合物用量的开发区块放到同一坐标系下进行对标，可实现分类评价、分类研究、分类管理和分类调整。

（3）依据分类评价结果，可以辅助分析影响开发效果的关键因素，如地质条件相近的区块，分类评价差异大，应重点分析注入参数匹配情况；反之，注入参数相近的区块，分类评价差异大，应重点分析油层条件对开发效果的影响。

（4）应用对标分类评价方法，根据对标分类曲线形态的变化，可以辅助动态分析人员及时发现注聚合物开发区块存在的问题，及早进行跟踪调整，改善开发效果，提高聚合物驱效率。

（5）应用对标分类评价方法，可以指导开发区块优化停注聚合物，开发区块在进入含水率上升后期后，对标分类曲线会明显向横坐标偏移，区块继续注聚合物对提高采收率作用逐渐降低，吨聚合物增油水平逐渐下降，对标分类曲线的这一变化特征可以辅助动态分析人员确定合理的停注聚合物时机，避免聚合物干粉的浪费。

以对标分类方法在杏六区西部的应用为例，杏六区西部于 2015 年 9 月投注聚合物，开采葡 I2—葡 I3 油层，地质储量为 696.7×10^4t，有效厚度为 7.5m，渗透率为 561mD，采取 2500×10^4 分子量聚合物清配清稀体系注入，注聚合物前综合含水率为 97.7%。

2016 年底，通过开展全油田注聚合物区块对标发现，杏六区西部处于 D 类开发区块，开发效果差，此时区块处于含水率下降期，聚合物用量为 400mg/（L·PV），注入孔隙体积为 0.24PV，需要列入油田重点开发调整区块，进行区块深入剖析，实施有针对性的跟踪调整，改善开发效果。

通过开展动态分析发现，区块主要存在以下几个方面问题：

一是采取 2500×10^4 分子量聚合物清配清稀注入体系，注入质量浓度长期保持在 1500mg/L 左右的高水平，注入质量浓度与油层匹配较差，同时还导致注入压力快速上升了 5.4MPa，部分井区出现了注入困难情况。

二是区块不同渗透率级别油层动用差异大，虽然整体动用厚度比例较注聚合物前提高 7.7 个百分点，但小于 300mD 和 300~500mD 的中低渗透层动用厚度比例较注聚合物前分别下降了 11.6 个百分点和 1.5 个百分点。

三是空白水驱阶段高速注采，注采速度达到 0.28PV/a 以上，在注聚合物前，为了与注聚合物阶段的注采速度衔接，仅用半年时间，将区块的注采速度快速下调至 0.20PV/a，在整个空白水驱阶段，区块注采比长期处于 1.0 以下的低水平。

四是区块见效后，大幅度提高注采速度到 0.28PV/a 左右，注聚合物阶段高速注采导致聚合物溶液推进速度过快，部分井出现含水率不再下降或上升趋势。

针对区块存在的问题制定了"逐步降低注入质量浓度，缓慢控制注采速度，稳步提高注采比"的调整思路，实施了大规模的跟踪调整。将注入质量浓度下调至 1100mg/L 左右，注入质量浓度匹配率提高 5.0 个百分点；实施注入井增注措施，注入状况差的问题得到缓解；注入注采速度由 0.28PV/a 左右调整到 0.22PV/a 左右，月度注采比调整到 1.1 以上；通过调整，区块的综合含水率进一步下降至最低点 85.81%，较调整前下降 3.0 个百分点，较注聚合物前下降 11.9 个百分点（图 3–13），且低值期持续 1 年以上，对标曲线明显上翘，由 D 类区域进入 C 类区域（图 3–14）。

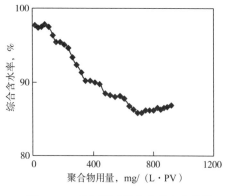

图 3–13　杏六区西部含水率变化曲线

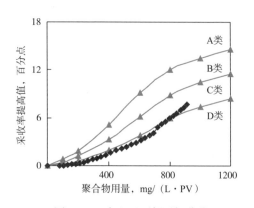

图 3–14　杏六区西部对标曲线

二、注入参数合理匹配

驱替溶液采用聚合物的分子量、质量浓度及黏度并非越高越好，也不是越低越好。在油层条件已经确定的前提下，如果为了追求高黏度注入，选择的注入聚合物分子量过高，质量浓度过高，容易造成油层堵塞，增加注聚合物过程中增注措施的投入，导致产液量异常快速下降，严重影响开发效果；如果采取过低的聚合物分子量及质量浓度注入，注入黏度过低不利于扩大波及体积，影响聚合物驱提高采收率。

为了给聚合物驱方案设计及跟踪调整提供依据，技术人员在实验研究的基础上，结合各开发区已注聚合物区块的实际动态分析结果，绘制了不同地区、不同矿化度条件下，注入聚合物分子量、质量浓度与渗透率匹配关系图版，指导聚合物驱跟踪调整。

在区块投注聚合物后，随着聚合物用量的增加，区块的注采能力会逐步下降，注采两端的动态参数会不断发生变化，聚合物驱油方案设计的单井配注方案会陆续出现不适用区块开发需要的现象，需要确定相适应的区块、单井的分子量类型和注入质量浓度，进行方案跟踪调整。

以注入参数合理匹配在大庆油田的两个二类油层区块 1 和区块 2 的应用为例，两个区块地理位置相邻，井网井距相同，聚合物驱目的层相同，油层条件相近，注聚合物初期的注入聚合物分子量相同，注入质量浓度相近，以注入参数匹配关系图版为指导，两个区块都进行了注入质量浓度的优化调整，都取得了良好的调整效果，由于调整的时机不同，调整后取得的效果有差异。

应用注入参数匹配关系图版检查两个区块的注入质量浓度匹配程度发现，两个区块的注入质量浓度不合理，质量浓度在 2000mg/L 左右，质量浓度匹配率都在 70% 以下，需要实施跟踪调整，逐步下调质量浓度（图 3-15），把质量浓度匹配率提高到 90% 以上的合理水平。对比两个区块，区块 1 优化调整时间较早，调整时聚合物用量为 500mg/（L·PV）左右，区块综合含水率还在持续下降，未下降到最低点；区块 2 优化调整时间较晚，调整时聚合物用量达到 900mg/（L·PV）左右，已经进入含水率上升期。

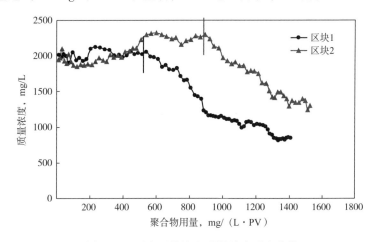

图 3-15　两个区块注入质量浓度对比曲线

从两个区块的综合含水率变化情况来看，调整相对较早的区块 1 调整后综合含水率持续下降半年左右，含水率降幅相对较大，含水率最大降幅较区块2高4.0个百分点以上；调整相对较晚的区块2调整后含水率上升速度明显减缓，两个区块对比，区块1开发效果改善更加明显（图3-16）。

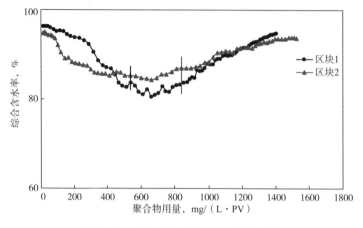

图3-16　两个区块综合含水率对比曲线

从对标分类评价曲线来看，调整相对较早的区块1调整后对标分类曲线明显上翘，实现了跨类改善，从C类逐步跨入到A类，在较注聚合物初期节省聚合物干粉投入20%以上的同时，阶段提高采收率达到16个百分点；调整相对较晚的区块2调整后也实现了跨类改善，对标分类曲线从C类跨入到B类（图3-17）。

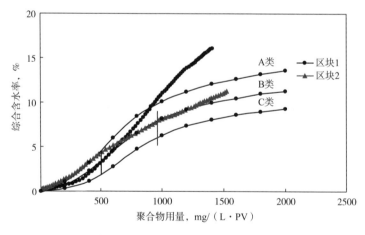

图3-17　两个区块对标情况对比曲线

三、注采平衡调整

注采平衡是聚合物驱开发的根本，在聚合物驱工业化生产中，注采平衡调整贯穿区块聚合物驱开发全过程，无论是短期还是长期的注采不平衡，无论是何种原因导致的注采不平衡，都会对区块的开发效果造成不好的影响。注采不平衡状况出现得越早，对区块开发效果的影响就越大，影响时间就越长。在工业化生产中，通常采用参数累计注采比来表述开发油藏的注采平衡状况。

1. 注采比的计算方法

注采比是指注入溶液（水或聚合物溶液）的地下孔隙体积与采出溶液的地下孔隙体积之比，通常所说的注采比指的是月度注采比、年度注采比或累计注采比。注采比计算如下：

$$R_{IP} = \frac{Q_{iw}}{\dfrac{Q_o}{\gamma_o} \times B_o + Q_w} \tag{3-3}$$

式中 R_{IP}——注采比；

Q_{iw}——注水量，m^3；

Q_o——产油量，t；

γ_o——原油密度，kg/m^3；

B_o——原油体积系数；

Q_w——产水量，m^3。

当式（3-3）中的注水量、产油量和产水量为月度数据时，计算所得的注采比为月度注采比，同理，可计算年度注采比和累计注采比，或者计算任何一个时间段的注采比。

当累计注采比接近或等于 1（在 0.9~1.1 之间）时，即注入溶液的地下体积接近或等于采出溶液的地下体积时，油藏处于注采平衡状态，否则，油藏处于注采不平衡状态。注采不平衡又分为两种情况：当累计注采比大于 1.1 时，油藏处于注采超平衡状态；当累计注采比小于 0.9 时，油藏处于注采欠平衡状态。

2. 注采比的合理范围

为了确定聚合物驱的合理注采比，许多学者做过室内研究，研究结果一致表明，在聚合物驱开发过程中，把注采比控制在 1.0 左右时，含水率下降幅度最大（图 3-18），提高采收率幅度最大（图 3-19），聚合物驱开发效果最好[18]。

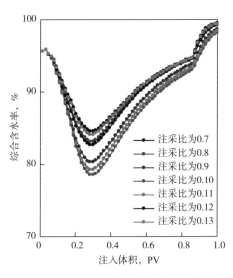

图 3-18 不同注采比含水率对比曲线

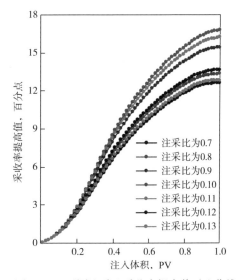

图 3-19 不同注采比采收率提高值对比曲线

统计大庆油田聚合物驱 56 个含水率上升期及后续水驱区块的现场数据，分别绘制了 40 个一类油层区块、16 个二类油层区块的最大综合含水率下降值与达到最大综合含水率下降值时的累计注采比的关系散点图（图 3-20 和图 3-21）。现场数据分析得出，在区块累计注采比为 0.9~1.1 时，即油藏处于注采平衡状态时，区块综合含水率下降幅度大；在油藏处于欠平衡状态时，区块综合含水率下降幅度小。

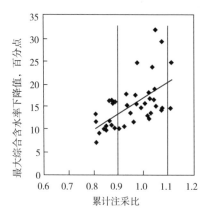 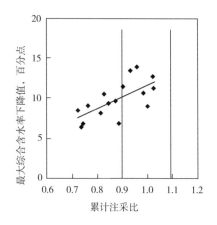

图 3-20　一类油层区块注采比—最大综合　　图 3-21　二类油层区块注采比—最大综合
含水率下降值对比图　　　　　　　　含水率下降值对比图

　　室内研究结果与聚合物驱生产实际一致表明，聚合物驱注采比的合理范围为 0.9~1.1，即在注采保持平衡时聚合物驱开发效果好。在聚合物驱现场，各个开发阶段都应该尽量保持注采平衡。

　　3. 注采不平衡的原因

　　在工业化生产实践中，导致注采不平衡的原因很多，但最常见的有以下 5 种原因：

　　（1）由于注采井投产不同步，导致注采不平衡。有时为了完成短期生产目标，新井区块投产初期采取先投产采油井后投产注入井的抢投方式，出现月度及累计注采比都远小于 1.0 的现象，造成地下亏空，导致区块注采严重不平衡。

　　（2）污水不能平衡，导致注采不平衡。为了避免产出污水外排污染生态环境，需要将大量采出污水回注地下，一般选择后续水驱区块回注，有时也选择含水率上升后期区块回注，此时回注区块容易出现月度及阶段注采比都远大于 1.0 的现象，导致注采不平衡。

　　（3）急于上产，导致注采不平衡。对于产量紧张的开发区块，有时为了完成生产任务，通过实施大幅度提高产液速度的方式达到快速上产的目的，容易出现月度及阶段注采比都远小于 1.0 的现象，导致注采不平衡。

　　（4）受钻井影响，导致注采不平衡。在实施钻井前，通常采取大幅度下调井区注入速度，使产液速度远大于注入速度的方式来实现降压目的，这必然会造成井区阶段性注采不平衡。

　　（5）水驱井封堵不及时或封堵失效造成隐性的注采不平衡。当同一开发区块区域内聚合物驱井网、水驱井网同时开采聚合物驱目的层时，按照聚合物驱层系井网封堵原则，需要尽早对同层系的部分水驱油水井进行层系封堵，如果封堵进度缓慢，容易造成注采不平衡。

　　4. 注采不平衡对开发效果的影响及调整注采平衡的方法

　　无论在聚合物驱开发过程的哪个开发阶段，注采不平衡现象都会对开发效果产生不良影响。空白水驱及未见效阶段经常出现地下亏空现象，容易导致注入压力上升缓慢、见效时间推迟、综合含水率下降缓慢等后果；在含水率下降期及含水率稳定期，如果注采不平衡，容易导致中低渗透层动用差、含水率降幅小、稳定期短等问题；含水上升期及后续水驱阶段经常出现阶段性注采比高的情况，容易导致含水率上升快、产量下降快的问题。

在聚合物驱油藏开发过程中，应该尽量避免出现注采不平衡现象，但是，有时注采不平衡现象必然发生，如大面积钻井。当聚合物驱油藏出现注采不平衡现象时，为了减小其对聚合物驱开发效果的影响，应该及时进行调整。调整方法总体遵循原则如下：要体现及时性，尽可能早地进行调整；要有针对性，要针对高、低注采比井区，结合地层压力、注入压力局部调整；要缓慢调整，无论从注入端入手还是从采出端入手进行调整，都切忌大幅度调整；要方法得当，应该在综合分析注采速度、注入压力、注入质量浓度、采出聚合物浓度、注入干粉分子量及措施改造等的基础上进行综合调整。

以某区块为例，该区块在含水率下降期时，由于累计注采比低，注采不平衡，导致在注聚合物见效期剖面改善不理想、动用厚度比例低、含水率降幅小，通过实施大规模注采速度调整、少量的注入井增注措施，区块开发效果明显改善。调整方法如下：对注入速度高的低注采比井组，控制采液速度；对注入压力低、注入速度低的低注采比井组，上调注入速度；对注入压力高且注入质量浓度高的井组，采取降低质量浓度、提高注入速度；对薄注厚采、注入井完不成配注的低注采比井组，实施措施增注。通过实施调整，使得月度注采比长时间保持在 1.1 以上，逐步把区块的累计注采比从 0.85 以下提高到 0.9 以上，区块开发效果明显改善，取得了综合含水率二次下降的好效果（图 3-22）。

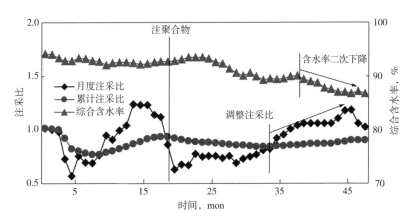

图 3-22　某区块注采比调整效果曲线

四、主要措施优选

1. 注入井分层注聚合物措施优选

在聚合物驱开发过程中，由于层间渗透率级差的存在，导致不同油层吸液能力存在较大差异，如果采取笼统注聚合物方式，聚合物溶液会从高渗透层突进，中低渗透层不能得到充分动用，不利于扩大波及体积，影响注入井吸入剖面的改善，从而影响开发效果，在工业化生产中，一般采用注入井分层技术来缓解层间矛盾，解决上述问题。

分层注聚合物是指在注入井下封隔器，把性质差异较大的油层分隔开，分层配注，使得高渗透油层注入量得到控制，中低渗透层注入量得到加强，使各类油层都能够得到充分动用的一种工艺。

1）分层注聚合物时机的确定

为了确定分层注聚合物时机，开展了数值模拟研究，绘制了在渗透率级差分别为3、5和7的情况下，采收率与分层注聚合物时聚合物用量的关系曲线（图3-23）。从3条曲线的变化可以看出，分层注聚合物越早，采收率越高；渗透率级差越小，采收率越高。在聚合物用量达到200mg/（L·PV）以前，采收率与分层注聚合物的时间关系不大，渗透率级差的大小对采收率的影响也不大，但是，当聚合物用量在200mg/（L·PV）以上时，随着分层注聚合物时间的推迟，对采收率的影响逐步加大，而且，渗透率级差越大，影响越大。因此，确定聚合物驱分层注聚合物时机为聚合物用量在200mg/（L·PV）以前，此时，区块一般处于含水率下降阶段。

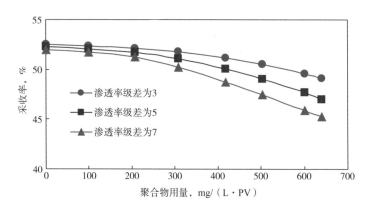

图3-23　分层注聚合物效果数值模拟曲线

2）选井选层及配注原则

结合现场聚合物驱分层工艺、配注工艺及地质因素，充分考虑单井的动态变化特征，确定分层注聚合物选井选层原则及注聚合物阶段的配注原则（表3-2）。

表3-2　注入井分层选井选层及配注原则

选井选层原则	配注原则
层间渗透率级差大于3； 隔层厚度≥1m且分布较稳定； 层间吸水量相差70%以上； 层段间适用同一种聚合物； 层段厚度在1.0m以上	注聚合物初期，按照层段强度分层配注； 含水率下降期或低含水率期，差层增注，好层不控注； 含水率上升期，差层增注，好层控注

3）分层注聚合物技术的现场应用

在聚合物驱现场，受许多条件制约，并不是所有满足分层注聚合物选井选层原则的注入井都需要分层，并不是可以分层的注入井都应该在含水率下降期分层。例如，某注入井在区块处于含水率下降阶段时，在连通采油井全部正常生产且井组注采均衡的情况下，注入压力已经上升到较高水平，距离破裂压力仅有不足0.5MPa，为了避免分层后出现注入困难现象，此时，该注入井不应该采取分层措施。

随着聚合物驱开发对象的逐步变差，层间矛盾突出问题逐步凸显，需要大规模推广应用日益成熟的分层注聚合物技术、提高开发区块分注规模来解决这一问题。2018年

12 月，某油田的注聚合物区块分层注聚合物率已经达到 70% 以上，个别区块达到 90% 以上，分注层段数由原来的 2 段提高到 3~4 段，通过规模的分层调整，区块取得了较好的开发效果。

以典型区块为例，该区块开发层系发育 18 个沉积单元，井段长且层间差异大，按照注入井分层注聚合物选井选层原则，可以分层的注入井比例达到 95% 以上，为了缓解层间矛盾，在区块开发的过程中，实施了大规模分层注聚合物。在空白水驱阶段，对注入压力上升空间大于 4MPa 的注入井全部采取分层注入，区块分层注聚合物率在 40% 左右；在注聚合物阶段，根据注入压力的变化逐步扩大分层注聚合物规模，在进入含水率上升期时，区块分注率提高到 90%；个别注入压力相对较高但能够连续注入的注入井，在实施停注聚合物时或在停注聚合物后实施分层。该区块实施的规模分层注聚合物取得了很好的调整效果。

对比分析空白水驱阶段实施分层注聚合物井油层动用状况，在各个开发阶段，分层井的油层动用厚度比例较笼统注入井高 3.0 个百分点以上（表 3-3）。

表 3-3　分层注入井油层动用厚度比例对比表

分类	油层动用厚度比例			
	空白水驱	含水率下降期	含稳定期	含水率上升期
笼统注聚合物井	55.7%	63.9%	67.5%	66.1%
分层井	61%	68.1%	70.5%	69.8%
差值	5.3 个百分点	4.2 个百分点	3.0 个百分点	3.7 个百分点

对比分析空白水驱阶段实施分层注聚合物井组聚合物驱油增油降水效果，在空白水驱阶段笼统注入时，单井日产油量和综合含水率基本相当，投注聚合物后，分层井组的综合含水率降幅较笼统注入井组高 1.0 个百分点左右，增油效果始终好于笼统注入井组（图 3-24）。

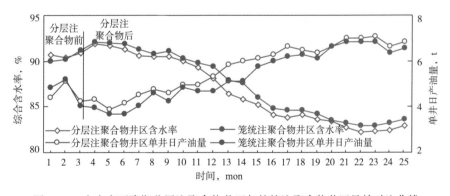

图 3-24　含水率下降期分层注聚合物井区与笼统注聚合物井区见效对比曲线

该区块某口注入井在含水率下降期实施了分层注聚合物，井段长且层间渗透率级差达到 7.0 以上；隔层厚度不小于 1m 且分布较稳定；厚度大、渗透率高、水淹程度高的层段 1 相对吸液量达到 80% 以上，吸液强度超过 10.0m³/（d·m），层间动用差异很大。与该口注入井连通的 4 口采油井处于含水率下降期，实施分层前含水率下降至 83.0%，处于全区平均水平。

实施分层后，发育较好的控制层注入强度下降至 7.0m³/（d·m）以下，相对吸液量控制到 53.6%，发育较差且剩余油相对富集的加强层注入强度提高到 11.0m³/（d·m）以上，相对吸液量提高到 46.4%，注入压力由分层前的 9.14 MPa 上升到 11.0MPa，上升了 1.86MPa，较区块其他注入井多上升 0.55MPa；视吸水指数下降了 1.7m³/（d·MPa），较区块其他注入井多下降 1.3m³/（d·MPa）。与该口注入井连通的 4 口采油井综合含水率继续下降至 71.4%，日产油量由 59t 提高到 106t，见效程度明显好于同期的全区平均水平。

2. 采油井压裂措施优选

采油井压裂作为一项有效的增产措施，在聚合物驱工业化生产中被广泛应用。在注聚合物过程中，针对部分采油井聚合物驱受效后产液能力大幅度下降，剩余油相对富集的中、低渗透油层动用程度低等情况，对部分采油井采取压裂措施，改善渗流条件，合理恢复产液量，能够提高单井产量，进一步改善聚合物驱效果。

1）压裂时机的确定

为优选采油井压裂时机与压裂对象，建立一个"四注一采"的地质模型，设计计算了 4 种压裂方案（表 3-4），井区地质储量为 25.23×10^4t，孔隙体积为 40.36×10^4m³，采出井初始含水率为 93.5%。

表 3-4　数值模拟计算结果统计表

方案编号	压裂层位	累计增油量，10^4t	压裂增油量，10^4t	采收率提高值，百分点
基础方案	不压裂	3.152	—	—
方案一（含水率下降期分别压裂好油层与差油层）	主力油层	3.395	0.243	0.96
	薄差油层	3.235	0.083	0.33
方案二（含水率稳定期分别压裂好油层与差油层）	主力油层	3.390	0.238	0.94
	薄差油层	3.250	0.098	0.39
方案三（含水率上升初期分别压裂好油层与差油层）	主力油层	3.175	0.023	0.09
	薄差油层	3.295	0.143	0.56
方案四（含水率下降期压裂好油层，含水率上升初期压裂差油层）	主力+薄差油层	3.485	0.333	1.32

数值模拟计算结果表明，在采油井处于含水率下降期或含水率低值期时，对相对厚油层压裂效果较好；在含水率上升期时，对薄差油层压裂效果较好。

2）选井选层原则

工艺要求：压裂层段具有 0.5m 以上厚度的隔层，确保封隔器能够分卡；压裂井的套管无变形、破裂和穿孔；固井质量好，管外无窜槽。

地质原则：由于各开发阶段采油井压裂的目的有差异，含水率下降阶段为了促进聚合物驱见效，低含水率稳定阶段为了提高见效程度，含水率上升阶段为了挖掘薄差层剩余油，因此，各开发阶段采油井压裂的选井选层地质原则不同（表 3-5）[19-23]。

表 3-5　各阶段压裂选井选层标准

阶段	选井原则	选层原则	压裂方式
含水率下降期	日产液量降幅不小于 20%，产液量较低；含水率降幅低于区块平均水平；沉没度不大于 300m	厚度不大于 2.0m；层数比例不小于 80%；砂岩厚度为 6.0m	普通压裂；细分压裂；多裂缝压裂；宽短缝压裂
含水率低值期	产液指数低于区块平均值 20%；含水率不大于 85%；沉没度不大于 300m；井组注采比不小于 1.2；单位厚度累计增油量低于全区平均水平	厚度不大于 1.5m；层数比例不小于 80%；砂岩厚度为 4.0m	普通压裂；普通压裂+选层压裂；宽短缝压裂
含水率上升期	薄差层动用差，吸液比例不大于 20%；产液量较低；含水率上升，采出聚合物浓度高于全区 30%；单位厚度累计增油量低于全区平均水平	厚度不大于 1.0m；层数比例不小于 80%；砂岩厚度为 3.0m	普通压裂+多裂缝压裂；压裂+堵水；薄隔层压裂

3）采油井压裂技术的现场应用

在聚合物驱现场，在空白水驱、含水率上升后期、后续水驱阶段，一般不实施采油井压裂，在含水率下降阶段和含水率稳定阶段实施采油井压裂增油效果较好且有效期较长。为了保证井区注采相对均衡，控制注入溶液推进速度，防止井区出现综合含水率突升及产量突降的现象，无论是在时间上还是在平面分布上，压裂采油井都不应该过于集中。

以某单井为例，压裂措施采油井聚合物驱目的层为葡Ⅰ1-7，全井射开砂岩厚度为 18.4m，有效厚度为 11.3m，渗透率为 0.293D，措施井与周围的 3 口注入井连通状况好（图 3-25），3 口注入井措施时均已经采取了分层注入，有利于实施措施对应层位提水，井组累计注采比超过 1.20，井区地层压力较高，总压差为 0.64MPa，保证了措施井组良好的供液能力。

措施采油井实施压裂时处于含水率低值期，该井组注聚合物后，注入井注入压力稳步上升，注入状况良好，采油井见到较好的聚合物驱效果，含水率由注聚合物前的 95.9% 下降到最低点 84.8%，下降了 11.1 个百分点。但是，由于见效后产液指数快速下降，日产液量下降幅度较大，由注聚合物前的 98t 下降到措施前的 59t，下降了 39.8%，导致在含水率保持良好的见效趋势的情况下，日产油量由注聚合物前的 4.0t 上升到 10.6t 后逐步下降到措施前的 8.6t，累计增油量略低于区块平均水平，沉没度逐步下降至 300m 以下。

经过开展井组分析，确定采油井聚合物驱目的层的中段葡Ⅰ2—葡Ⅰ5+6 与 3 口注入井连通状况良好，是该采油井的主产层，是导致见效后产液量大幅度下降的主要层段，且水淹程度主要为中、低水淹，产液剖面资料显示层段的 6 个小层含水率在 81.3%~86.1%，因此，确定该层段为压裂措施层段，层段砂岩厚度为 10.2m，有效厚度为 7.4m，由于措施层段较长、厚度较大，且层段顶部、中部、底部有大于 0.5m 的隔层，因此决定分两段实施普通压裂（表 3-6）。

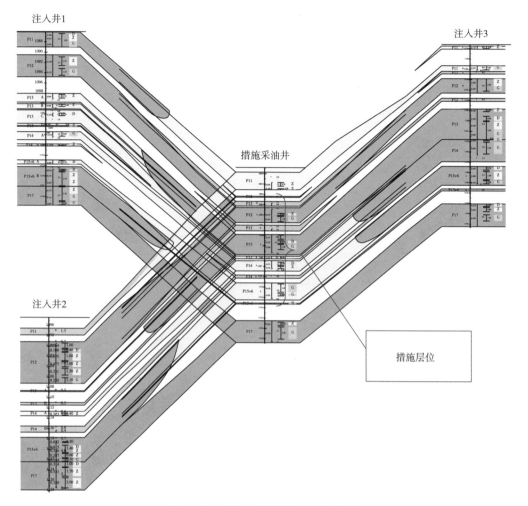

图 3-25　采油井压裂措施井组删状图

表 3-6　措施井压裂方案编制情况

措施层位	方式	小层数 个	砂岩厚度 m	有效厚度 m	地层系数 D·m	加砂量 m³
葡 I2（3，2）—葡 I4（1）	普通压裂	4	9.9	5.2	0.907	7
葡 I5+6（1）—葡 I5+6（2）	普通压裂	2	3.7	2.2	0.776	8
合计		6	13.6	7.4	1.683	15

为了保证取得好的措施增液效果，延长措施有效期，措施后及时对注入压力有较大
上升空间的注入井 1 和注入井 3 的对应措施层位提高注入量，注入井 1 在对应措施层段 1
提高日配注量 10m³，注入井 3 在对应措施层段 1 和措施层段 2 分别提高日配注量 10m³ 和
20m³。采油井压裂措施后，初期日增液 72t，日增油 14.3t，含水率下降了 2.9 个百分点，
有效期长达 1 年以上（图 3-26）。

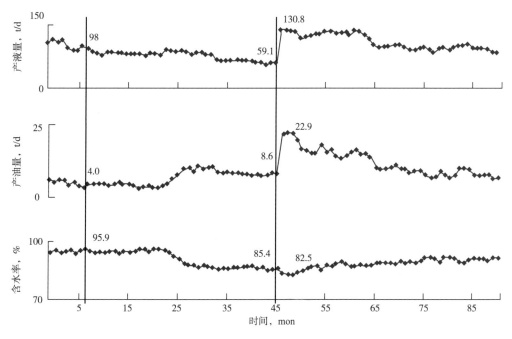

图 3-26　某采油井压裂效果曲线

五、注入井深度调剖现场应用

聚合物驱深度调剖可以调整注聚合物井的吸液剖面，提高注入压力，扩大波及体积，从而改善开发效果。作为一项有效的调整措施，深度调剖在聚合物驱工业化生产中被广泛应用，一般在空白水驱阶段实施规模较大，且平面分布上相对集中；在注聚合物阶段实施规模相对较小，且平面分布上相对零散，在后续水驱阶段一般不实施深度调剖。从调剖效果上看，在空白水驱阶段效果最好，在含水率上升阶段调剖效果相对较差。

1. 空白水驱阶段深度调剖

1）实施深度调剖的意义

空白水驱阶段实施深度调剖在开始实施时间上有严格要求，一般与区块投注聚合物同时进行，或者较区块投注聚合物时间略早，在调剖井调剖结束前全区块实施注聚合物，这样就尽量避免了注水对调剖的影响，保证了深度调剖的效果。空白水驱阶段对非均质性比较严重的油层进行深度调剖，可以有效堵塞聚合物驱目的层的高渗透率部位，确保注入压力稳步上升，更有效地改善注入井吸液剖面，扩大波及体积，提高聚合物的有效利用率，保证调剖井区的聚合物驱见效时间提前，具有更大的含水率降幅，最终达到增油控液的目的。

2）调剖井动态变化

当分析空白水驱阶段深度调剖井的动态变化时，所分析的各个动态参数不仅要与调剖前水平对比，还要和非调剖井的变化趋势对比。

调剖井在空白水驱阶段的注入压力明显低于非调剖井，在区块投注聚合物后，在一段时期内，这两类井的注入压力都会上升，但上升速度和上升幅度有明显差异，一般调剖井注入压力上升速度较快、上升幅度较大，随着注聚合物时间的延长，调剖井的注入压力与非调剖井的差距会逐渐缩小，甚至有时会超过非调剖井注入压力，经过一段时间注聚合物后，调剖井与非调剖井的注入压力都会上升到一个合理的压力水平（图3-27）。

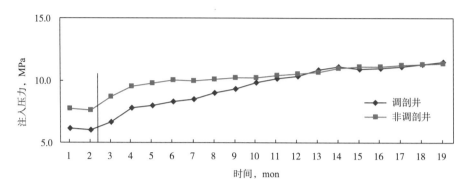

图3-27　空白水驱阶段调剖井与非调剖井注入压力对比曲线

区块投注聚合物后，调剖井和非调剖井的视吸水指数都会下降，但下降速度和下降幅度有明显差异，一般调剖井视吸水指数下降速度较快，下降幅度较大，随着注聚合物时间的延长，调剖井与非调剖井的视吸水指数差距逐渐缩小，经过一段时间注聚合物后，调剖井与非调剖井的视吸水指数都会下降到一个合理的压力水平（图3-28）。

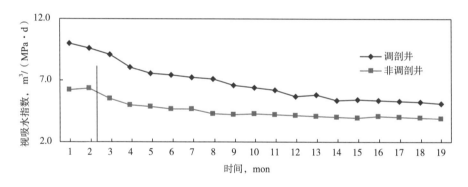

图3-28　空白水驱阶段调剖井与非调剖井视吸水指数对比曲线

通过实施深度调剖，使注聚合物井调剖层段的渗透率大幅度下降，同时，调剖层段的吸液量也大幅度下降，从而达到调整吸液剖面的目的。与非调剖井对比，一般调剖井吸液剖面的改善更加明显，高渗透层吸液厚度和相对吸液量下降幅度更大，甚至不吸液，同时，中、低渗透层吸液厚度和相对吸液量上升更明显。

3）调剖井组效果分析

一般在空白水驱阶段开展深度调剖，相对于非调剖井区，在含水率下降阶段，产液量大幅度下降且下降速度较快，同时含水率大幅度下降且下降速度较快（图3-29）。也就是说，空白水驱阶段深度调剖，可以使见效时间提前，且增油降水效果明显，增油倍数大，相对于其他开发阶段开展深度调剖，对提高最终采收率贡献最大。

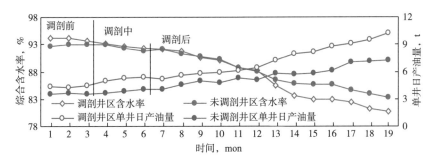

图 3-29　空白水驱阶段调剖井与非调剖井主要采出参数对比曲线

2. 注聚合物过程中深度调剖

1）实施深度调剖的意义

注聚合物阶段实施深度调剖，可以有效堵塞聚合物驱目的层的高渗透率部位，促使注入压力稳步上升到合理水平，有效地调整注入井吸液剖面，进一步扩大波及体积，提高聚合物的有效利用率，促进含水率较快速度下降，或者延长低含水率稳定期，或者控制含水率上升速度，最终达到增油控液或稳油控液的目的。

2）调剖井动态变化

在注聚合物过程中实施深度调剖，可以使注入压力在较短时间内从较低水平进一步上升到合理的压力值，而同期的非调剖井的注入压力缓慢上升或者不上升。

以处于含水率上升阶段的某区块为例，通过实施深度调剖，调剖井注入压力由 10.5MPa 上升到 11.3MPa，上升了 0.8MPa，而同期非调剖井注入压力没有明显上升（图 3-30）。

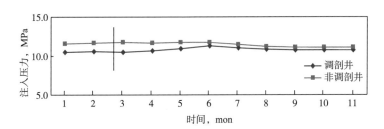

图 3-30　注聚合物过程中调剖井与非调剖井注入压力对比曲线

调剖井的视吸水指数由 6.6m³/（MPa·d）下降到 5.0m³/（MPa·d），下降 1.6m³/（MPa·d），而同期非调剖井没有明显变化（图 3-31）。

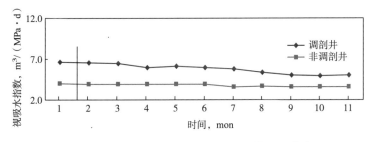

图 3-31　调剖井与非调剖井视吸水指数对比曲线

3）调剖井效果分析

以含水率上升阶段深度调剖为例，一般在含水率上升阶段开展深度调剖，能够有效控制高含水率层的产液量，与非调剖井区对比，调剖井区的产液量会出现相对大幅度下降，综合含水率上升速度明显较低，甚至在短期内可以实现含水率不上升，与调剖前对比，一般日产油量会出现小幅度上升或者不上升，也就是说，含水率上升阶段深度调剖，可以控制低效无效产液，控制含水率上升速度，但增油效果不明显（图3-32），相对于空白水驱阶段开展深度调剖，对提高最终采收率贡献不大。

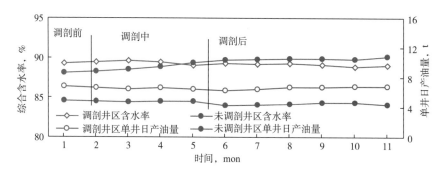

图3-32　注聚合物过程中调剖井与非调剖井主要采出参数对比曲线

六、个性化停注聚合物

聚合物油藏数值模拟及工业化生产实践都表明，当特定的某一个区块聚合物用量达到某一值、注入地下孔隙体积达到某一值或区块综合含水率达到某一值后，区块的采收率提高幅度明显减小，此时如果继续注聚合物，虽然仍可以进一步提高采收率，但经济效益明显变差，为了追求较高的经济效益，必然要考虑停注聚合物时机的问题。

1. 停注聚合物时机

综合含水率是衡量区块是否应该实施停注聚合物的一个非常重要的指标，为了确定区块实施停注聚合物综合含水率界限，统计了27个后续区块停注聚合物前后月含水率上升速度、日产油量递减率等开采指标的变化，统计结果表明：当含水率大于92%时，继续注聚合物或停注聚合物的含水率上升速度和日产油量递减率接近，因此，确定区块停注聚合物综合含水率界限为92%，此时着手编制区块停注聚合物方案，实施停注聚合物（表3-7）。

表3-7　区块停注聚合物前后开采指标变化统计表

停注聚合物时综合含水率，%	区块数，个	含水率上升速度，百分点/mon				日产油量递减率，%			
		停注聚合物前6个月	停注聚合物后6个月	停注聚合物后7~12个月	停注聚合物后12~18个月	停注聚合物前6个月	停注聚合物后6个月	停注聚合物后7~12个月	停注聚合物后12~18个月
90~92	4	0.25	0.32	0.21	0.17	2.29	2.68	2.03	1.67
92~94	11	0.15	0.17	0.12	0.08	1.75	1.73	1.33	1.33
94~96	11	0.11	0.13	0.09	0.05	1.44	1.58	1.35	1.35
96~98	1	0.02	0.03	0.02	0.01	0.83	1.05	0.53	0.53

统计 27 个后续水驱区块，当区块综合含水率上升到 92% 区块停注聚合物界限时的注入孔隙体积和聚合物用量。一类油层区块平均注入孔隙体积为 0.71PV，由于早期投注聚合物的一类油层区块注聚合物过程中注入聚合物质量浓度一般保持在 1000~1200mg/L 的较低水平，聚合物用量相对较低，一般为 600~800mg/（L·PV），平均用量为 736mg/（L·PV）；二类油层区块平均注入孔隙体积为 0.70PV，注聚合物过程中受注入体系相对较差影响，注入质量浓度一般保持在 1400mg/L 以上，聚合物用量相对较高，部分区块的聚合物用量接近 1000mg/（L·PV），平均用量为 843mg/（L·PV）（表 3-8）。

表 3-8 区块综合含水率为 92% 时注入孔隙体积及聚合物用量表

区块数，个	一类油层（23 个）		二类油层（4 个）	
	孔隙体积，PV	聚合物用量，mg/（L·PV）	孔隙体积，PV	聚合物用量，mg/（L·PV）
27	0.71	736	0.7	843

2. 停注聚合物方法

在实际生产过程中，受诸多静态地质条件差异及聚合物驱过程中动态注采参数差异等因素影响，不同采油井的见效规律必然不同，含水率变化规律也不相同，当区块整体综合含水率达到区块停注聚合物界限（含水率为 92%）时，井间含水率差异自然较大，如果此时实施全区块停注聚合物，必然影响相对低含水率井组的最终聚合物驱效果，而如果延长这部分较低含水率（低于 92%）井组的注聚合物量，则可使全区进一步提高采收率。

按照实施停注聚合物前单井的不同含水级别进行数据统计，分析停注聚合物前后月度含水率上升速度、日产油递减率等开采指标的变化，分析结果表明：在采油井含水率达到 94% 时，继续注聚合物或停注聚合物含水率上升速度和产量递减率接近，因此，确定单井停注聚合物含水率界限为 94%。在聚合物驱工业化应用中，是否对注入井实施停注聚合物需要综合考虑井组含水率、高含水率方向数、井组连通状况以及井区剩余油分布状况等因素，还需要考虑到各种地面设备的运行要求。在聚合物驱现场，一般在考虑外输母液量不低于注入站极限排液量的条件下，按照"停层不停井，停井不停站，停站不停区块"的个性化停注聚合物原则，实施分批次停注聚合物，即高含水率井、层先实施停注聚合物，而低含水率井、层适当延长注聚合物，直至符合停注聚合物界限 [24]。

3. 停注聚合物注采井配套措施

为了防止注入井停注聚合物后，注入水在单层或者沿单方向突进速度过快，导致连通采油井含水率突然上升，影响聚合物驱效果，在聚合物驱现场，与注入井实施停注聚合物相结合，一般需要适当控制区块的整体注采速度，控制高渗透层注水和产液的同时适当提高低渗透层注水和产液，配套实施必要的调整措施，对具有分层条件的笼统注入井实施分注，对能够细分的分层注入井实施细分，对高含水率的高产液层实施采油井堵水，努力把调整工作精细到"层"。

4. 停注聚合物前后主要生产参数变化特征

由于实施个性化、分批次地停注聚合物，并配套实施注采井综合调整，从整个区块看，各主要参数的变化并不十分明显。

注入压力先下降后平稳。注入压力一般会在实施停注聚合物 1~3 个月内出现小幅度下降，一般下降 1~2MPa，然后下降速度逐步变缓，最终稳定在一个相对较低的压力水平，一般比空白水驱阶段注入压力高 1~2MPa。

日产液量缓慢下降，综合含水率缓慢上升，日产油量逐步下降。一般实施停注聚合物的同时会适当控制区块注入速度，控制分层井高渗透层注入强度，必然会导致产液量出现下降，但这一过程非常缓慢，且降幅不大；实施配套的注采井综合调整后，高含水率产液层的产液量得到控制，适当提高相对低含水率层产液量。因此，一般不会出现综合含水率快速上升、日产油量大幅度递减的情况。

5. 个性化停注聚合物技术的现场应用

在聚合物驱现场实施个性化停注聚合物时，除了要考虑地质因素，还要考虑配置站、注入站的运行状况，当区块符合延长注聚合物的注入井很少、外输母液低于极限排液量时，应该实施注入站全站或者全区块停注聚合物。

以某含水率上升后期典型区块为例，该区块共有注入井 270 口，采油井 284 口，区块综合含水率上升到 92.0% 时，区块聚合物用量接近 1000mg/（L·PV），达到了方案设计用量，阶段采收率提高值达到 14.0 个百分点左右，在油田处于较高水平，吨聚合物增油量由见效高峰期的 100t 以上逐步下降至 40t 左右。从以上数据来看，区块应该开始实施个性化停注聚合物。

统计区块采油井含水率分级情况（表 3-9）表明，采油井间含水率差异较大，有30.6% 的采油井含水率超过单井停注聚合物含水率界限 94.0%；同时，仍有近 39.8%的采油井综合含水率相对较低，仅为 87.0%；单井日产油量在 4t 以上，应适当延长注聚合物。

表 3-9　某含水率上升后期区块含水率分级表

含水率分级，%	井数，口	比例，%	单井日产液量，t	单井日产油量，t	含水率，%	采出聚合物浓度 mg/L
≤ 90	113	39.8	32.2	4.2	87.0	512
90~92	26	9.2	33.7	2.9	91.4	543
92~94	58	20.4	48.9	3.4	93.1	532
> 94	87	30.6	48.0	2.0	95.8	542
合计	284	100.0	40.6	3.2	92.0	528

从该区块单井含水率的平面分布（图 3-33）看，含水率高于 94% 的高含水率井和含水率低于 90% 的低含水率井分布都相对集中，应该对低含水率井区适当增加聚合物用量，对含水率大于 94.0% 的高含水率井区实施分井组的个性化、分批次停注聚合物。

通过进一步开展井组动态分析，考虑井组聚合物用量、井组含水率、高含水率方向数、井组连通状况以及井区剩余油分布状况等因素，对 52 口注入井实施第一批次停注聚合物。当区块综合含水率进一步上升到 94.0% 左右时，再一次开展动态分析，对 119 口注入井实施第二批次停注聚合物；当区块综合含水率进一步上升到 95.0% 左右时，不符合停注聚合物标准的注入井剩下 45 口，且零星分布在 5 个注入站，考虑到外输母液极限排液量，同时兼顾方便现场管理，对剩余的 99 注聚合物井全部实施停注聚合物。

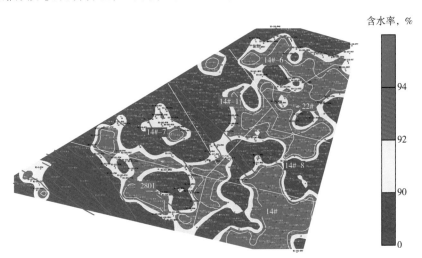

图 3-33　某含水率上升后期区块综合含水率为 92% 时含水率等值图

该区块分 3 批实施了个性化分批次停注聚合物，在每个批次实施停注聚合物的同时进行了大量的方案调整及措施调整。在适当降低延长注聚合物井注入质量浓度的同时，重点对停注聚合物井区开展综合调整，在注入速度调整方面，适当控制采液速度后，逐步把注入速度由 0.17PV/a 控制到 0.15PV/a 左右；在注入井措施调整方面，实施了 24 口井分层注聚合物、51 口井细分等措施，将区块分层注聚合物率提高到 90% 左右，平均分层注聚合物层段数提高到 2.7 个，在较大幅度控制分层井高渗透层的注入强度的同时适当加强低渗透层的注入；在采油井措施方案方面，对 5 口井共 9 个层实施了堵水。

该区块的个性化停注聚合物历时 2 年多，通过开展个性化分批次停注聚合物，实施大规模配套调整，区块保持了良好的开发形势，停注聚合物前后对比，注入压力仅下降 0.8MPa，综合含水率月度上升仅为 0.09 个百分点（图 3-34）。

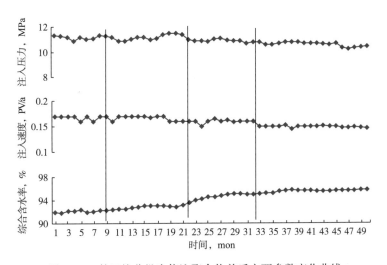

图 3-34　某区块分批次停注聚合物前后主要参数变化曲线

第五节 跟踪调整实施效果

近年来，大庆油田通过实施对标分类管理，应用注入质量浓度与油层条件匹配关系图版，按照各项跟踪调整措施的实施原则及技术规范要求，实施有针对性的跟踪调整，各项注采参数趋于合理，增产增注措施保持较高水平，聚合物驱开发形势明显改善，年均节省干粉 2×10^4t，吨聚合物增油持续上升，由 2011 年的 37.2t 逐步提高到 2018 年的 57t 以上，A 类、B 类区块比例逐年增加，其中，二类油层 A 类、B 类区块比例由 2011 年的 80.0% 提高到 2018 年的 92.9%，实现阶段提高采收率值 14.65 个百分点。

以典型区块南中东一区为例，南中东一区于 2010 年 7 月投注聚合物，开采萨Ⅲ4—10 油层，地质储量为 765×10^4t，有效厚度为 8.1m，渗透率为 649mD，采取 2500×10^4 分子量聚合物清配污稀体系注入，注聚合物前综合含水率为 94.5%。

在聚合物驱开发全过程中，根据区块开发需要，实施了大量的综合调整措施。

（1）注采平衡调整：区块在投产初期地层压力较低，地下油藏处于注采欠平衡状态，虽然在空白水驱阶实施了有针对性的调整，但阶段累计注采比仍然达不到 1.0，在投注聚合物初期，实施了为期半年的注采平衡调整，注采比保持在 1.0~1.2，注入压力平稳上升 4MPa 左右。调整结束后，区块月度注采比一直保持在 0.9~1.1 的合理水平（图 3-35），累计注采比保持在 1.0 左右。

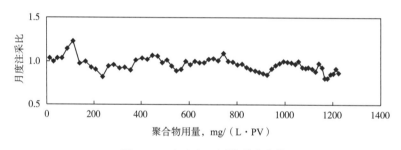

图 3-35 南中东一区注采比曲线

（2）注入聚合物质量浓度调整：为了配合注采平衡调整，区块在投注聚合物初期，采取了较低的聚合物质量浓度，注入聚合物质量浓度保持在 1500~2000mg/L，注采平衡调整结束后，注入聚合物质量浓度保持在方案设计水平 2000mg/L 左右，在区块聚合物用量达到 300mg/（L·PV）左右、注入孔隙体积达到 0.16PV 时，区块已经初步见效，注入井吸入剖面明显改善，综合含水率保持了持续下降的趋势，此时，根据区块的动态变化，逐步下调注入聚合物质量浓度，在含水率上升前期保持在 1500mg/L 左右，在含水率上升后期调整到 1000mg/L 左右（图 3-36）。

（3）措施调整：在聚合物驱开发调整过程中，根据开发需要，实施了及时的措施调整。为了改善注入状况，实施了注入井压裂 35 口、解堵 33 口；为了缓解层间矛盾，实施了分注 85 口；为了缓解层内矛盾，改善注入井吸液剖面，实施注入井深度调剖 50 口；为了提高低含水率井、层的产液量，实施采油井压裂 97 口。

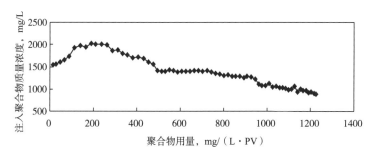

图 3-36 南中东一区注入聚合物质量浓度曲线

通过开展聚合物驱全过程的综合调整，区块取得了较好的开发效果。注聚合物半年后，综合含水率出现明显下降趋势，由注聚合物前的 94.6% 持续下降至含水率最低点 80.2%，下降了 14.4 个百分点，低含水率稳定期持续 17 个月。在整个注聚合物过程中，日产液量基本按照开发规律稳步下降，日产油量随着综合含水率的变化呈规律性变化，注聚合物见效后，日产油量由 280t 左右持续上升至最高点 1030t；进入含水率上升期后，日产油量逐步下降（图 3-37）。

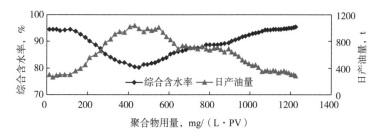

图 3-37 南中东一区综合含水率及日产油量曲线

对标分类评价：在聚合物用量为 300mg/（L·PV）左右时，对标分类评价曲线实现上翘，在聚合物用量为 900mg/（L·PV）左右时，实现了 D 类→C 类→B 类→A 类的连续跨类改善（图 3-38）。最终聚合物用量为 1224mg/（L·PV），阶段提高采收率 14.37 个百分点。

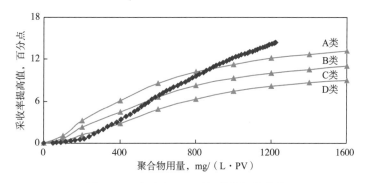

图 3-38 南中东一区对标分类评价曲线

参 考 文 献

［1］邵振波，李洁．大庆油田二类油层注聚对象的确定及层系组合研究［J］．大庆石油地质与开发，2004，23（1）：52-55.

［2］付天郁，曹凤，邵振波．聚合物驱控制程度的计算方法及应用［J］．大庆石油地质与开发，2004，23（3）：81-82.

［3］姜言里，纪平，韩培慧，等．聚合物驱油最佳技术条件优选［M］．北京：石油工业出版社，1994.

［4］沈平平，俞稼镛．大幅度提高石油采收率的基础研究［M］．北京：石油工业出版社，2001.

［5］冈秦麟．化学驱油论文集 上册：（1991-1995）［M］．北京：石油工业出版社，1998.

［6］冈秦麟．化学驱油论文集 下册：（1991-1995）［M］．北京：石油工业出版社，1998.

［7］叶仲斌，等．提高采收率原理［M］．2版．北京：石油工业出版社，2007.

［8］杨胜来，魏俊之．油层物理学［M］．北京：石油工业出版社，2004.

［9］胡博仲．聚合物驱采油工程［M］．北京：石油工业出版社，1997.

［10］王德民，程杰成．粘弹性聚合物溶液能够提高岩心的微观驱油效率［J］．石油学报，2000，21（5）：45-51.

［11］夏惠芬，王德民，刘中春，等．粘弹性聚合物溶液提高微观驱油效率的机理研究［J］．石油学报，2001，22（4）：60-65.

［12］郑晓松．聚合物溶液的弹性粘度理论及应用［D］．大庆：大庆石油学院，2004.

［13］王立军．聚合物溶液粘弹性对提高驱油效率的作用［D］．大庆：大庆石油学院，2003.

［14］王德民，夏惠芬．粘弹性流体平行于界面的力可以提高驱油效率［J］．石油学报，2002，23（5）：48-52.

［15］Aavatsmark I. Multipoint flux approximation methods for quadrilateral grids［C］//9th International Forum on Reservoir Simulation，Abu Dhabi，2007：9-13.

［16］张宏方，王德民，岳湘安，等．利用聚合物溶液提高驱油效率的实验研究［J］．石油学报，2004，25（2）：55-58，64.

［17］Wang D，Cheng J，Yang Q，et al. Viscous-elastic polymer can increase microscale displacement efficiency in cores［C］．SPE 63227，2000.

［18］张继成，宋考平，张寿根，等．聚合物驱含水率最低值及其出现时间的模型［J］．大庆石油学院学报，2003，27（3）：103-104.

［19］张秀云，刘启，周钢．二类油层聚驱措施选井选层方法［J］．大庆石油地质与开发，2008，27（3）：117-120.

［20］钟连彬．大庆油田三元复合驱动态特征及其跟踪调整方法［J］．大庆石油地质与开发，2015，34（4）：124-128.

［21］佟胜强．二类油层聚合物驱压裂时机的确定［J］．大庆石油地质与开发，2011，30（4）：131-134.

［22］陈敏霞，王华，沙宗伦，等．喇嘛甸油田北东块一区聚驱提效矿场试验［J］．大庆石油地质与开发，2013，32（1）：114-119.

［23］季柏松．喇嘛甸油田二类油层聚驱调整措施分析［J］．大庆石油地质与开发，2013，32（1）：120-124.

［24］邵振波，付天郁，王冬梅．合理聚合物用量的确定方法［J］．大庆石油地质与开发，2001，20（2）：60-62.